普惠金融与"三农"经济研究系列丛书

广东普惠金融
发展报告
(2020)

李景荣　米运生　著

中国农业出版社

北　京

图书在版编目（CIP）数据

广东普惠金融发展报告. 2020 / 李景荣，米运生著
. —北京：中国农业出版社，2022.5
　（普惠金融与"三农"经济研究系列丛书）
　ISBN 978 - 7 - 109 - 29273 - 4

　Ⅰ.①广… 　Ⅱ.①李… ②米… 　Ⅲ.①地方金融事业
－经济发展－研究报告－广东－2020 　Ⅳ.①F832.752

中国版本图书馆 CIP 数据核字（2022）第 052863 号

中国农业出版社出版
地址：北京市朝阳区麦子店街 18 号楼
邮编：100125
责任编辑：闫保荣
版式设计：王　晨　　责任校对：周丽芳
印刷：北京中兴印刷有限公司
版次：2022 年 5 月第 1 版
印次：2022 年 5 月北京第 1 次印刷
发行：新华书店北京发行所
开本：700mm×1000mm　1/16
印张：13.75
字数：250 千字
定价：78.00 元

基金资助：

国家社会科学基金重大项目"乡村振兴与深化农村土地制度改革研究"（编号：19ZDA115）

广东省财政专项资金项目"普惠金融与三农经济研究"（GDZXZJSCAU202054）

序　言

　　金融是现代经济的核心。金融业的规模经济性和空间聚焦性容易导致金融发展的不平衡不充分问题。特别是，空间分散和稀薄市场等因素的高交易成本等因素，会从广度、宽度和深度等方面，不利于农村金融市场的发展。农民，尤其是小农，容易遭遇到金融排斥和信贷配给等问题，而且农民的认知偏差和较低的金融素养，会使问题变得更为严峻。数字技术和数字经济快速发展带来的数字金融，在一定程度上降低了信息成本和交易成本，在促进长尾市场发展的同时，也在很大程度上促进了农村金融市场的发展。数字鸿沟的存在，也使得农村金融市场发展面临着较大的困难。相应地，特别对发展中国家的农村地区来说，普惠金融是一个世界性难题。作为人口最多的发展中国家，中国也一样面临着较大的城乡金融发展不平衡问题，普惠金融也由此变得非常重要。

　　广东是中国第一经济强省，同时也是区域差距和城乡差距较大的省份。在金融领域，广东的区域差距和城乡差距也是比较大的。对改革开放前沿阵地的广东来说，在通过普惠金融助推乡村振兴并实现现代化方面，承担着重要责任和使命。这既是国家对广东的要求，也是广东农村高质量发展的需要。当前，广东正在以习近平新时代社会主义思想为指引，谋划"十四五"发展规划。其中，发展普惠金融，也是重要的一环。广东省委、省政府一直高度重视普惠金融，广东的普惠金融发展也取得了较大的进展，探索了不少颇有成效的经验模式。不过，普惠金融的发展是一个系统工程、是一个动态过程。对广东来说，普惠金融的发展还面临着不少亟待解决的问题，还存在一些需要克服的困难。

通过普惠金融，解决广东金融发展的不平衡和不充分问题，不但关系到广东金融业的可持续发展，也关系到广东乡村振兴战略的顺利实现，更是关系到广东现代化建设目标的如期实现。研究广东普惠金融的规律、总结其经验，发现问题并提出方案，是摆在社会各界特别是学术界面前的一项历史使命。要完成这项使命，高校责无旁贷。就发展普惠金融而言，华南农业大学应该发挥它的重要作用。依托金融学广东省特色重大学科、广东省金融大数据分析重点实验室、金融学学术和专业硕士授权点、金融学国家一流专业建设点等平台，华南农业大学金融学学科，在普惠金融的学术研究、人才培养和社会服务等方面，一直发挥着重要作用；为广东农村金融和普惠金融的发展，做出了不可替代的贡献。

华南农业大学金融学学科（专业）的发展，长期以来得到了广东省委、省政府的大力支持。随着乡村振兴战略的深入推进，广东加大了对华南农业大学的支持力度。2020年，在广东省人民政府张新副省长的关心和指导下，华南农业大学成立了普惠金融与"三农"经济研究院。成立该机构的宗旨主要是：加强普惠金融的学术研究、人才培养和社会服务，探索广东普惠金融的发展道路、实践模式及其所需要的政策支撑体系；通过普惠金融的发展，助推广东乡村振兴战略和粤港澳大湾区战略，促进广东更平衡更充分的发展。根据广东经济和金融发展的特点，我们把研究方向聚焦于普惠金融、数字金融、农村产权抵押融资等领域。为了使社会各界了解广东普惠金融在理论、实践和政策等方面的状况，促进广东普惠金融事业的发展，我们计划出版系列丛书。

本书的出版，得到了很多人的大力支持。在此，特别感谢广东省人民政府张新副省长、广东省地方金融监督管理局童士清副局长、华南农业大学刘雅红校长、华南农业大学仇荣亮副校长、华南农大学科研院社科处原处长谭砚文教授、黄亚月副处长，华南农业大学普惠金融与"三农"经济研究院姜美善教授等团队负责人、彭东慧等骨干成员、华南农业大学徐俊丽、李德力等博士研究生、华南农业大学郭金海和何海彬等硕士研究生，以及广东金融学院华南创新金融研究院金山副教授、暨南大学博士研究生秦嫣然等。当然，也要感谢广东省财政专项资金（粤财金 202054 号文件）对本系列丛书的资金支持。

　　　　华南农业大学经济管理学院
　　　　华南农业大学普惠金融与"三农"经济研究院　　　　米运生

前　言

　　党的十九大报告指出，当前我国社会的主要矛盾是人民日益增长的美好生活需要和不平衡不充分的发展之间的矛盾。更具体地，人民群众日益增长的金融服务需求和金融供给不平衡不充分之间的矛盾就是目前金融领域的主要矛盾。如何缓解这一矛盾，是普惠金融的主要任务。自 2013 年党的十八届三中全会提出"发展普惠金融"的国家战略后，广东省人民政府高度重视普惠金融发展，研究部署了金融支持小微企业、"三农"、贫困人口等普惠金融重点领域的具体举措。基于此，本报告从广东经济金融发展概况、广东普惠金融发展概况、广东普惠金融水平评估及其分析、广东普惠金融典型案例与模式等四个方面回顾了广东省发展普惠金融所取得的成效。在此基础上，总结了广东省发展普惠金融过程中存在的一些问题，归纳了未来广东发展普惠金融的思路。

　　总体而言，广东省普惠金融发展取得了一定的成效，主要体现在：第一，微观体系逐渐健全。银行等正规金融机构授信规模稳步扩大、农村支付环境持续改善、金融产品与服务不断发展、普惠金融服务平台持续发力；第二，中观环境不断改善。农村金融组织体系不断完善、金融机构支农效能持续提高、农村普惠金融服务水平不断提升、基础金融服务网络实现纵深发展、基础金融服务设施深入村镇、政银合作打造普惠金融良好发展环境、乡村风貌加速提升；第三，宏观政策实施效果显著。通过政策扶持、市场竞争和金融创新，中小微企业、欠发达地区、弱势群体逐步获得适当的金融产品和金融服务。广东省普惠金融发展在政府政策支持下，取得了显著成效，获得了阶段性胜利。

前一阶段的发展成果，为未来广东省深化普惠金融改革打下了良好的基础。但是，在发展普惠金融的过程中，却也暴露出了一些问题：如何实现普惠金融的可持续、普惠金融模式的转型升级、普惠金融区域的平衡发展、提高弱势群体的金融素养、防范普惠金融发展过程中的风险等。这些问题也给未来广东发展普惠金融指明了方向，按照习近平总书记在全国金融工作会议提出的"建设普惠金融体系"的要求，广东在未来发展普惠金融的过程中应该持续优化普惠金融供给体系、明确相关机构的功能定位、创新普惠金融产品服务体系、强化普惠金融环境、健全金融风险防范和监管体系、完善相关法律法规、加强普惠金融教育、加快推进普惠金融基础设施建设，努力实现"普"和"惠"的双重目标。

目　　录

1 广东经济金融发展概况 ///////////////////////

1.1 广东经济发展概况

1.1.1 广东宏观经济基本情况

改革开放以来，广东经济迅猛发展，经济总量持续增长，以 1978 年为基期，广东 GDP 指数在 2019 年已增长到了 11 465.5（图 1-1）。2020 年，广东经济克服新冠肺炎疫情带来的不利影响，全年经济持续稳定恢复，连续 32 年居全国首位，同比增速与全国同步。根据《广东统计年鉴》数据显示，2020 年广东省地区生产总值 110 760.94 亿元，同比增长 2.9%。其中，第一产业增加值为 4 769.99 亿元，同比增长 3.8%；第二产业增加值为 43 450.17 亿元，同比增长 1.8%；第三产业增加值为 62 540.78 亿元，同比增长 2.5%。全年广东经济总量占全国的比重为 10.9%（图 1-2）。

如图 1-3 所示，广东产业总量不断实现新的跨越。广东从 1978 年开始，到 2000 年实现 GDP 万亿元的突破（2000 年为 10 810.21 亿元），其间经历 22 年。突破 2 万亿元用时 5 年，从 2 万亿元到 3 万亿元用时 2 年，从 3 万亿元

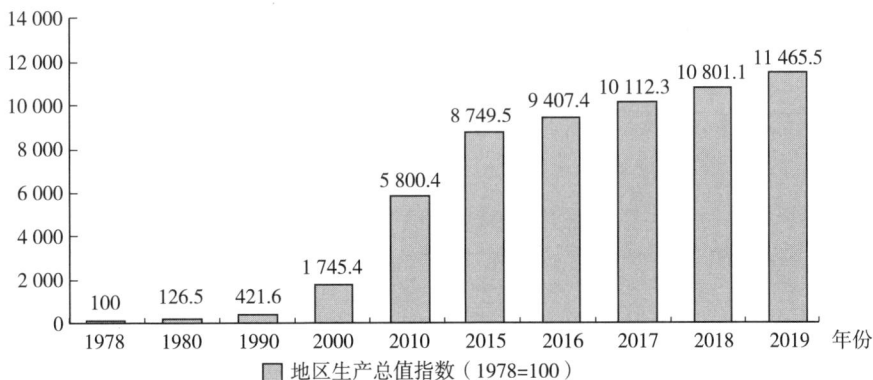

图 1-1　广东省 1978—2019 年地区生产总值指数

数据来源：根据广东省统计局所公布的历年《广东省统计年鉴》计算整理绘制。

跃升到 4 万亿元（2010 年为 45 944.62 亿元）用了不到 3 年时间，从 4 万亿元升至 5 万亿元（2011 年为 53 072.79 万亿元）只用了 1 年时间。此后每一年，广东 GDP 保持 1 万亿元左右的增长，至 2020 年更是成为全国首个 GDP 超 11 万亿元人民币的省份。

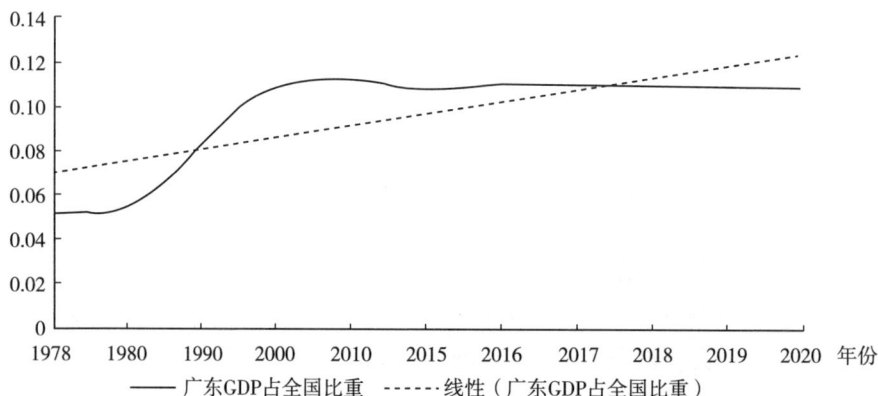

图 1-2　1978—2020 年广东省地区生产总值占全国比重

数据来源：根据广东省统计局所公布的历年《广东省统计年鉴》计算整理绘制。

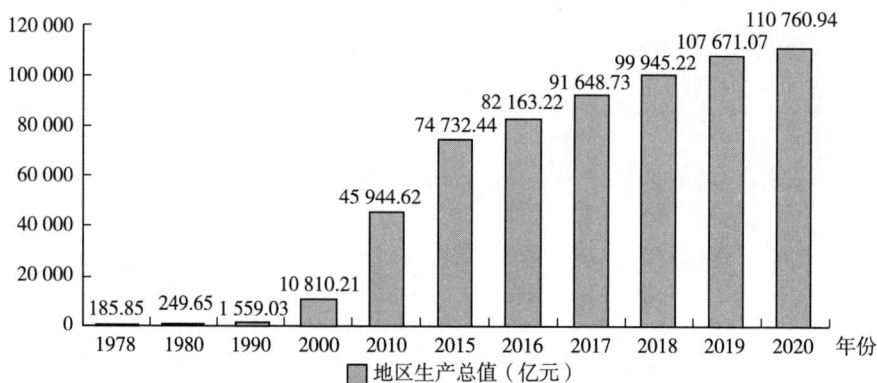

图 1-3　广东省 1978—2020 年地区生产总值

数据来源：根据广东省统计局所公布的历年《广东省统计年鉴》计算整理绘制。

广东省人均 GDP 从 1978 年至今保持稳定增长，增长率在 1978—2000 年期间起伏较大，2000 年以后趋于稳定（图 1-4）。1978 年广东人均 GDP 仅 370 元；1997 年突破万元大关，达到 10 130 元，2020 年广东人均 GDP 达 96 138 元（折算 14 838 美元），广东居民人均可支配收入 41 029 元，同比增长

（以下如无特别说明，均为同比名义增速）5.2%，扣除价格因素，实际增长2.5%。按常住地分，城镇居民人均可支配收入 50 257 元，增长 4.4%，扣除价格因素，实际增长 1.8%；农村居民人均可支配收入 20 143 元，增长7.0%，扣除价格因素，实际增长 3.9%。按照世界银行制定的国家与地区收入水平划分标准，广东已迈进中上等收入国家或地区的门槛。

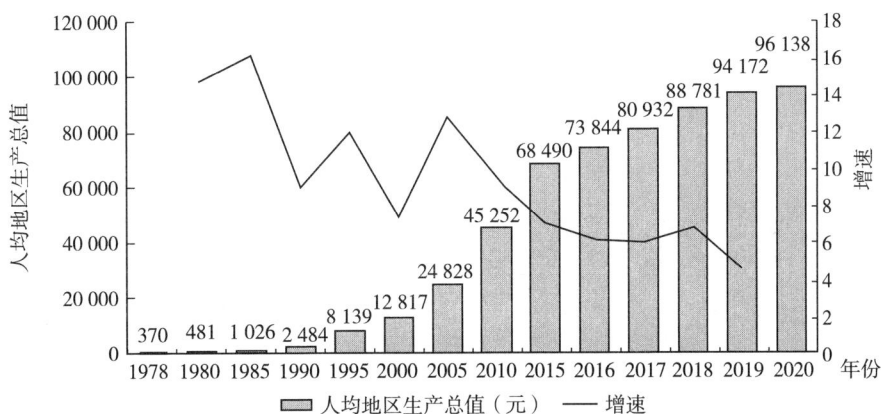

图 1-4　1978—2020 年广东省人均地区生产总值

数据来源：根据广东省统计局所公布的历年《广东省统计年鉴》计算整理绘制。

1.1.2　三次产业结构变化

1978 年至今，广东三次产业结构变化的基本特征是第一产业比重快速下降，第二、三产业比重持续上升，2000 年以来，第二产业先升后降，第三产业先降后升，二、三产业比重越来越接近。纵观整个演变过程，第二、三产业比重变化呈负相关，体现了工业和服务业交错发展的规律。产业结构从"二、三、一"的格局，至 2013 年开始转变为"三、二、一"格局，产业升级成效明显。

其中，第三产业对经济的贡献率增大。2008—2011 年，广东第三产业的贡献率基本低于第二产业（2009 年除外）。其中，2008 年第三产业贡献率为40.1%，低于第二产业 17.9 个百分点。2012 年，第三产业对经济的贡献率首次超过 50%，超过第二产业，成为拉动广东经济增长的主要力量。2013—2020 年，第三产业的贡献率均保持在 50% 以上。

根据三次产业比重演变特征，可将广东三次产业结构变化从 1978 年至今分为五个阶段（图 1-5）：

第一阶段（1978—1985 年）：第一、第二产业比重总体下降，第三产业比重上升，分界点为 1985 年，第三产业比重超过第一产业比重。这段时间为广东改革开放初始阶段，农业生产力得到释放，第二产业开始内部调整，新成立的深圳、珠海特区主要进行基础设施建设，整个工业产值比重逐步下降，第三产业比重增长迅速，主要得益于改革开放政策的落实对商贸服务业的促进，号称中国第一展的广交会在这一期间内发展迅速，成交额逐年上涨。第二、三产业的差距由 1978 年的 23％缩小至 1985 年的 9.4％。

第二阶段（1986—1993 年）：第二产业先缓后急的上升过程，第三产业缓慢上升，继而下调，分界点为 1993 年，第二产业比重一路攀升至 49.1％，继而下降。第一产业比重急剧下降，由 1985 年 29.8％，下降到 1993 年的 16.1％。第二产业比重由 1985 年的 39.8％，上升至 1993 年的 49.1％，而第三产业由 1985 年的 30.4％升至 1993 年 34.8％，1990 年第二、三产业比重差距缩小至 3.7％，但随着第二产业比重迅速攀升，第三产业比重下降，使得第二、三产业比重差距进一步拉大，1993 年时扩大至 14.3％。1985 年，珠江三角洲被辟为沿海经济开放区，这一时期我国香港、台湾等地外资企业开始进驻珠三角，直接推动第二产业比重上升，而同期第三产业比重相应下降，体现了广东这一时期工业和服务业交错发展的规律。作为第二产业中的代表性企业广州标致汽车公司也于 1985 年成立，成为当时全国"三大小轿车"生产基地之一。

第三阶段（1994—2003 年）：第二产业比重下降，第三产业比重上升，分界点为 2002 年，第三产业比重首次超过第二产业。第一产业比重继续下降，2000 年跌破 10％，降至 9.1％，2003 年降至 7.5％，与第二阶段相比，第一产业比重下降趋势放缓。第二产业比重持续降低到 2002 年的 45.5％，而被同期的第三产业反超，其比重为 47.0％，实现了 1978—2002 年历时 24 年的首次反超。这一时期广东轻工业迅猛发展，但广东第二产业内部又进行了调整，最具代表性的便是汽车产业领头羊广州标致汽车公司资产重组，广州本田汽车有限公司于 1998 年 7 月 1 日成立。通过产业结构调整，广东省开始逐步由纺织服装等轻工业往石油化工汽车机械等重化工工业转型，为第二产业比重上升奠定了基础。这一时期的第三产业发展迅速，其中的会展旅游业等发展势头良好，推动第三产业比重上升反超第二产业。

第四阶段（2004—2014 年）：第二产业快速上升继而缓慢下降，第三产业先降后升。第二、三产业比重差距先扩大后减小，至 2013 年第三产业第二次超过第二产业，且 2014 年继续保持这一趋势，第二产业比重为 46.2％，第三产业比重为 49.1％。这一阶段广东重工业化产业结构调整成效开始显现，石油化工、机械汽车等产业发展迅速，促进第二产业比重上升。随着居民消费水平进一步释放，第三产业中与居民生活休闲相关的服务业发展更加迅猛。这一阶段第一产业比重持续减少，由 2004 年 6.5％下降至 2014 年 1.7％。

第五阶段（2015 年至今）：第二产业比重总体呈下降趋势，第三产业比重始终维持在 50％以上且持续扩大，并在 2020 年达到最高值，占比高达 56.46％。这一阶段，广东以数字经济、新一代信息技术等为代表的新经济不断发展壮大，在线教育、快递＋直播带货等新消费模式兴起，信息消费大幅增长，现代服务业发展势头良好、增长迅速。第二产业中的高端产业，如先进制造业及高技术制造业发展良好、增长速度较快，而传统优势行业增速相对较低，2019 年纺织业、纺织服装服饰业、农副食品加工业、饮料制造业等均为负增长。这一时期，第一产业比重稍有波动，总体趋于平缓。整体来看，第三产业已经成为全省的支柱产业，第二产业的地位逐渐被削弱，结构占比逐年被压缩，第一产业反而得到了比前两年更多的重视。

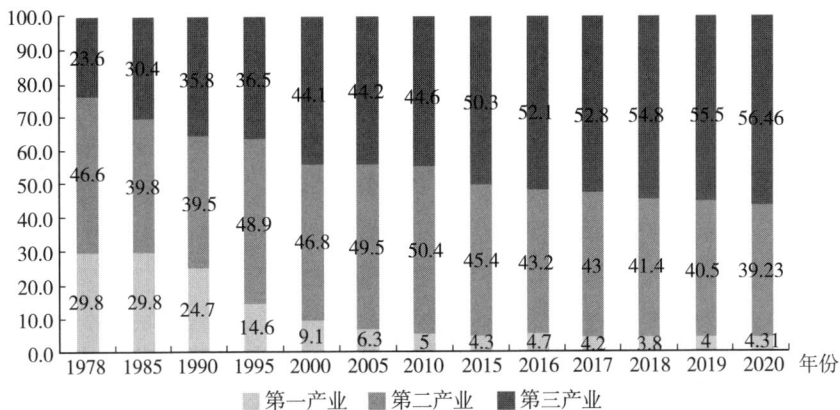

图 1-5　2000—2020 年广东三次产业结构

数据来源：根据广东省统计局所公布的历年《广东省统计年鉴》计算整理绘制。

伴随着广东三次产业结构比重的变化，三次产业从业结构也相应变动。如图 1-6 所示，从 1980 年至今总体变化趋势为第一产业人口数量稳中有降，第二、三产业从业人数持续增长。2004 年之前三次产业从业结构由多到少为

"一、三、二"，2014 年第二产业人数超过第一产业人数，2004—2014 年从业结构为"二、三、一"，2015 年第三产业从业人数超过第二产业，之后至今从业结构为"三、二、一"。

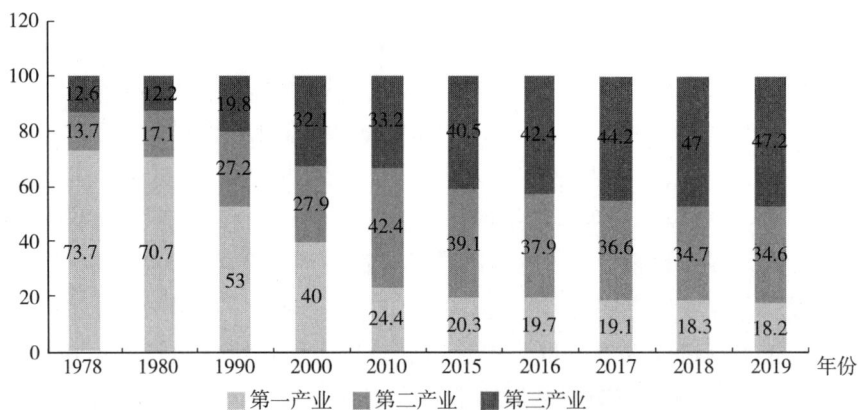

图 1-6　1978—2019 年广东三次产业从业结构

数据来源：根据广东省统计局所公布的历年《广东省统计年鉴》计算整理绘制。

通过考察 1978 年以来三次产业贡献率变动过程发现（图 1-7），第一产业对 GDP 增长的贡献由 1979 年的 30％降至 2020 年的 6.4％。第二产业对 GDP 增长贡献率整体保持先增后降的态势，在改革开放初期波动较大，从 1979 年时的 16.6％至 2020 年的 33.7％，其中 1993 年高达 72％。第三产业贡

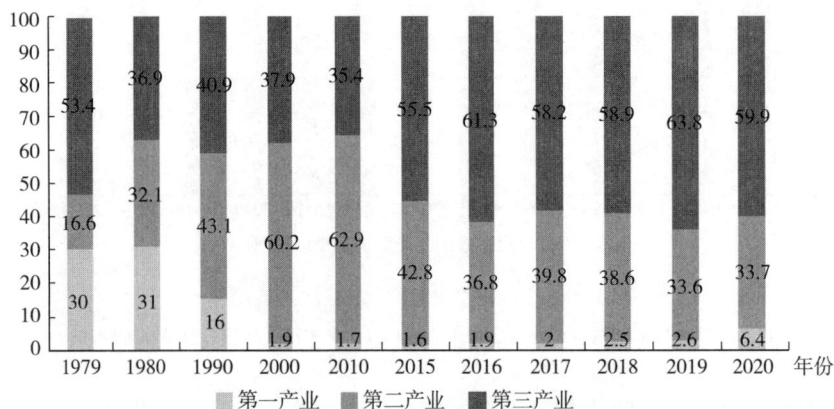

图 1-7　1979—2020 年广东三次产业贡献率

数据来源：根据广东省统计局所公布的历年《广东省统计年鉴》计算整理绘制。

献率起伏较大，与第二产业交错发展，贡献率总体上维持在30%～60%之间，2019年最高达到63.8%，最低时为1993年25.9%，第三产业与第二产业共同构成广东GDP增长的核心力量。

1.1.3 城镇化发展进程

改革开放40余年来，广东省人口城镇化进程迅猛，城镇化水平居全国前列，呈现出总体发展水平高的特征。广东改革开放前，严格限制农村人口进入城市，城镇化发展缓慢，1978年全省城镇人口823.23万人，城镇化率16.3%。改革开放后，城镇化进程加速发展，到2008年改革开放30年，广东城镇化水平为63.4%，30年间城市化率年均提高1.6个百分点。2018年，广东城镇人口为8 021.62万人，占总人口的70.70%，人口城镇化率仅次于上海、北京和天津三个直辖市，是首个直辖市以外城镇化率突破70%的省份，在全国31个省级行政区*城镇化率排名中位列第4名。2020年广东省人口城镇化发展稳步提升。从常住人口的城乡居住分布看，2020年末，城镇人口9 343.83万人、乡村人口3 257.42万人，分别占人口总量的74.15%和25.85%。其中，全省常住人口最多的五个市分别是广州、深圳、东莞、佛山和湛江，常住人口合计占全省的比重为50.14%，比2010年提高6.49个百分点。

根据1978年以来的四次全国人口普查数据，结合广东省对经济社会发展历程，可以将改革开放以来广东省人口城镇化进程划分为三个阶段：

（1）城镇化水平起步阶段

据第三次全国人口普查数据显示，1982年广东城镇人口为1 034.13万人，占总人口的19.28%，比全国平均水平（20.55%）低1.27个百分点，居全国第18位。1990年第四次全国人口普查数据显示，广东城镇人口为2 309.35万人，占总人口的36.76%，已超出全国平均水平（26.23%）10.53个百分点，居全国第9位。这一时期城镇化水平快速增长的主要原因是人口自农村向城镇的迁移流动和城镇建制以及区划的调整。1990年第四次人口普查数据反映，大量的农村人口向城镇迁移是导致这一时期城镇人口比重快速升高的主要原因之一。市镇建制和区划调整对全省1978—1990年的城镇化发展也起了非常重要的作用。1990年，全省建制镇的个数达1 098个，是1982年建制镇个数的

---

* 不包括我国港澳台地区，下同。

9.8倍。大量乡村居民转为城镇居民，使城镇人口规模迅速扩大，这是改革开放初期广东人口城镇化水平迅速提高的另一主要原因。

（2）城镇化水平快速发展阶段

第五次人口普查数据显示，2000年广东省城镇人口数量为4 743.24万人，占总人口8 522万人的55.66%，城镇人口数量超过乡村人口数量。比全国平均水平36.09%高出19.57个百分点，人口城镇化水平位居全国第4位。这一时期广东工业化进程迅猛发展，吸引大量流动人口，特别是跨省流动进入广东城镇区域务工、经商和生活。第五次人口普查数据显示，2000年广东常住人口中跨省流动人口分布在城镇的有1 145.06万人，占全省1990—2000年城镇人口增加量的47%，即在这一时期的城镇人口增加数中有近一半是省外流动人口。从流动人口的行业构成看，有68.76%的就业人口分布在制造业，表明1991—2000年广东人口城镇化水平的快速提高，其主要动力源自工业化的迅猛发展。

（3）城镇化水平稳步提高阶段

根据第六次全国人口普查数据，广东省城镇常住人口为6 902.78万人，占总人口比重66.18%，高出全国49.7%的平均水平16.48个百分点。与广东省2000年"五普"同期数据相比，城镇人口比重上升11.18个百分点。这一时期人口城镇化水平相较"四普"、"五普"两个发展期间有较大回落，这一时期广东省进行了大规模产业结构和产业布局调整，珠江三角洲地区发展了一大批高、新、尖企业，与之前加工制造劳动密集型企业相比，吸纳外来人口能力下降，大量以劳动密集型为主的企业，逐步向省外和省内粤东、粤西和山区转移，使全省人口城镇化进程进入了稳步提高阶段。

伴随着广东省城镇化率的不断提高，从事农业①与非农业人口数量关系也发生变化，非农业人口数量逐渐超过农业人口数量。1978年广东省农业人口达到1 677.01万人，是非农业人口的2.8倍。1978—2019年期间，农业从业人口总体保持缓慢下降，非农业人口数量增长速度明显更快，两者差距不断缩小。如图1-8所示，1978—1990年，农业就业数量与非农业就业人口数量的差距逐渐缩小，同时农业从业人口数量持续下降，到1992年非农业人口数量超过农业从业人口数，两者的差距再次扩大，从而形成了一个剪刀差。到2019年非农业人口数量为5 849.64万人，农业人口数量为1 300.61万人，多出农业人口数量4 549.03万人。

---

① 本报告的农业包括了农林牧渔业。

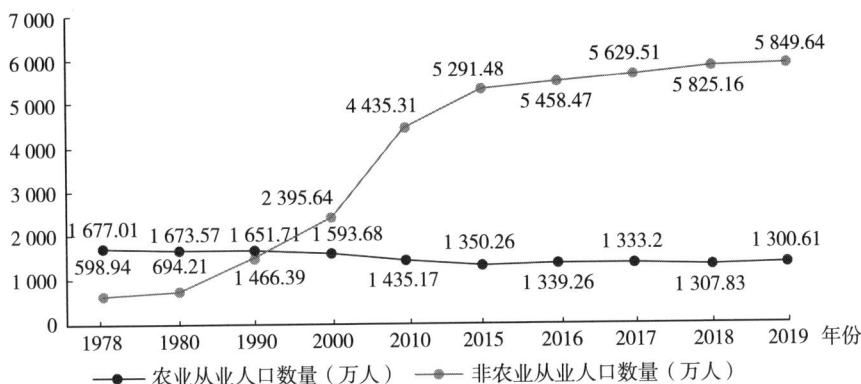

图 1 - 8　1978—2019 年广东农业与非农业从业人口数量

数据来源：根据广东省统计局所公布的历年《广东省统计年鉴》计算整理绘制。

1.2　广东金融体系的发展情况

1.2.1　金融发展情况

（1）金融机构

改革开放 40 多年来，广东金融组织体系日臻完善，由改革开放之初只有人民银行和农村信用社两家金融机构，发展到目前初步形成了在人民银行和金融监管部门的调控下，形成了以商业银行为主体，银行、证券、保险、信托、基金等机构并存的多元化金融组织体系。

2019 年，广东省农合机构改制继续推进，银行业机构总计 16 959 个，银行业机构营业网点个数同比下降 1.9%，从业人员总计 363 622 人，从业人员数同比增加 3.5%，法人机构总计 212 个（表 1 - 1）。地方银行业组织体系进一步完善，经营效率有所提升，业务范围持续扩大。

表 1 - 1　2019 年广东省银行业金融机构情况

机构类别	营业网点			法人机构（个）
	机构个数（个）	从业人数（人）	资产总额（亿元）	
大型商业银行	8 143	167 818	110 885	0
国家开发银行和政策性银行	82	2 454	11 130	0
股份制商业银行	1 795	72 134	59 088	2
城市商业银行	644	21 457	21 808	5

（续）

机构类别	营业网点			法人机构（个）
	机构个数（个）	从业人数（人）	资产总额（亿元）	
小型农村金融机构	5 784	73 221	36 963	97
财务公司	11	1 094	4 351	24
信托公司	2	1 992	708	5
外资银行	249	10 674	6 742	6
新型农村金融机构	235	4 840	992	61
其他	14	7 938	7 494	12
合计	16 959	363 622	260 159	212

资料来源：中国人民银行、智研咨询整理。

保险方面，广东省 2010 年累计实现保费收入 1 593.3 亿元，增长 29.4%。其中，财产业务保费收入 429.6 亿元，人身险保费收入 1 163.7 亿元，分别同比增长 27.8% 和 30.3%。保费支出为 326.4 亿元，同比增长 6.41%。从保险业机构数和从业人数来看（表 1-2），2019 年，总部设在广东省辖内的保险公司数量为 34 家，其中，财产险经营主体共 14 家，人身险经营主体共 11 家，保险公司分支机构共 77 家，广东省保险业实现保费收入 5 496 亿元，规模位居全国第一，同比增长 17.84%，其中，财产险保费收入为 1 480 亿元，占比为 26.93%；人身险保费收入为 4 016 亿元，占比为 73.07%。

表 1-2　2019 年广东省保险业基本情况

项目	数量
总部设在辖内的保险公司数（家）	34
其中：财产险经营主体（家）	14
寿险经营主体（家）	11
保险公司分支机构（家）	77
其中：财产险公司分支机构（家）	35
寿险公司分支机构（家）	42
保费收入（中外资，亿元）	5 496
其中：财产险保费收入（中外资，亿元）	1 480
人身险保费收入（中外资，亿元）	4 016
各类赔款给付（中外资，亿元）	1 425
保险密度（元/人）	4 770
保险深度（%）	5.1

资料来源：中国人民银行、智研咨询整理。

2020 年，广东省全年新增境内上市公司 60 家，比 2018 年、2019 年分别多增 42 家、26 家，首发募集资金 492 亿元。境内上市公司总数达 677 家，总市值超过 15 万亿元，超额完成《2020 年广东资本市场重点工作计划》所确定的"争取我省境内上市公司超过 660 家，新增 A 股上市公司超过 40 家"的目标任务。从新增上市公司结构看，广东新增上市公司呈现"三多三高"特征：新增上市公司家数多，首发募集资金多，且多年以来保持全国领先；国家级高新技术企业占比高，超过九成；民营企业占比高，超过九成；行业集中度高，超过 2/3 是先进制造业行业企业，超过 1/3 属于计算机、通信和其他电子设备制造业企业。

（2）金融业发展情况

从广东金融业产值来看，在过去的 30 多年中，广东金融业产值增长了约 590 倍。数据显示，1978 年广东金融业产值仅有 4.52 亿元。2020 年，广东金融业实现增加值 9 907 亿元，同比增长 9.2%，拉动 GDP 增长 0.8 个百分点，占 GDP 的比重近 9%；贡献税收 3 627.5 亿元，同比增长 14%，占全省税收总额的 1/6；本外币存款余额、贷款余额、上市公司总数、直接融资额、原保费收入等主要金融指标均居全国第一；全省银行不良贷款率降至 1.19% 的低水平。

如表 1 - 3 所示，2020 年末，全省金融机构来源各项存款余额为 267 638.26 亿元，达到历史新高，比上年末增长 15.1%，是 2014 年的 2.1 倍。其中，居民部门存款余额为 88 976.65 亿元，环比增长 12.7%（图 1 - 9）。金融机构各项贷款为 195 680.62 亿元，增长 16.5%，获得持续增长，是 2014 年的 2.3 倍。银行业金融机构不良贷款率为 1.19%，回落 0.01 个百分点。金融机构已在发达地区城镇及农村设置了一定的网点，居民得以享受更高效便捷的基础金融服务。截至 2019 年末，广东省中资金融机构数上升到 16 529 家，呈微弱增长态势，比 2005 年增加了 1 096 个，增幅达到 7.1%①。

表 1 - 3　2020 年末金融机构本外币存贷款及其增长速度

指标	绝对数（亿元）	比上年末增长（%）
各项存款余额	267 638.26	15.1
其中：非金融企业存款	102 596.79	17.6
住户存款	88 976.65	12.7

① 数据来源：历年《广东省统计年鉴》。

（续）

指标	绝对数（亿元）	比上年末增长（%）
各项贷款余额	195 680.62	16.5
其中：境内短期贷款	44 328.99	5.7
境内中长期贷款	131 617.14	21.8

数据来源：根据广东省统计局所公布的历年《广东省统计年鉴》计算整理绘制。

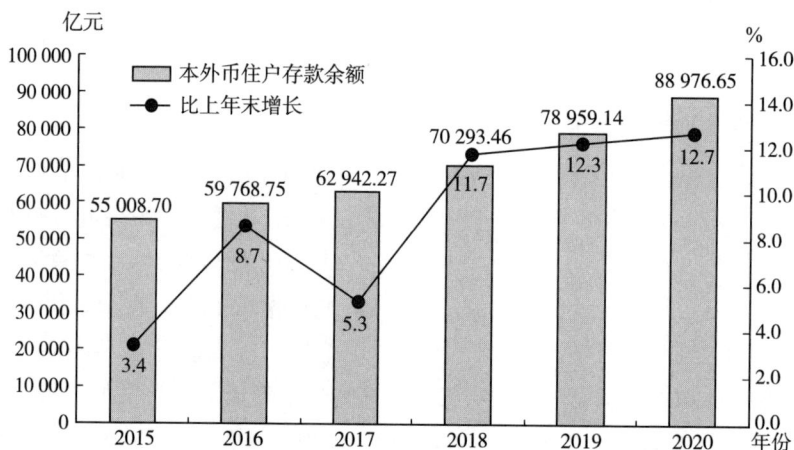

图 1-9　2015—2020 年本外币住户存款余额及其增长速度

数据来源：根据广东省统计局所公布的历年《广东省统计年鉴》计算整理绘制。

全省各地区个人银行卡结算账户数量稳步增长。根据人行广州分行的数据，从人均持卡量和人均银行账户等指标来看，广东省位居全国前列，金融服务便利性不断提升。截至 2019 年 6 月末，广东省（不含深圳）的人均持卡量为 6.55 张，比全国人均持卡量要多出 0.85 张。在加速支付活动向移动端迁移方面，广东省也走在了全国前列。2018 年，广东省移动支付的交易笔数、金额均跃居全国首位，近七成商业银行的客户使用电子支付比例高达 80% 以上。

1.2.2　广东金融发展特点

（1）日益完善的金融工具体系

随着金融机构体系的不断发展壮大，广东金融业为社会提供的金融产品和金融服务也日益丰富。现阶段，在广东金融工具体系中，既有货币、股票、基金、债券、票据、存单、外汇和商品期货价格等原生金融工具，又有金融期货和互换、金融期权和金融远期等衍生金融工具。可见，广东金融工具体系的发展已相对完善。

（2）服务实体经济水平进一步提高

金融活，经济活。当前，广东正在奋力推进经济高质量发展，广东地方金融监督管理局按照"1＋1＋9"具体部署，以全面深化改革为引领，充分发挥金融支撑作用，为广东全面转向高质量发展，实现"四个走在全国前列"提供优质服务和有力支撑。2017年以来，广东地方金融监督管理局组织多种形式的银企融资对接会，着力引导金融业回归本源，发挥金融服务实体经济天职。2018年，企业融资结构进一步优化，直接融资进一步扩大，新增境内外上市公司47家、居全国第一，境内IPO融资额占全国的35％，企业直接融资总额1.16万亿元、同比增长40％。

广东是民营经济大省，民营企业是推动高质量发展的重要主体。为了助力民企跨越融资"高山"，广东一方面大力健全和完善信贷风险补偿、融资担保、贴息等扶持措施，为中小企业增信，引导正规金融机构加大信贷投放；另一方面，积极推进民营银行、企业集团财务公司等金融机构建设，多措并举帮助中小企业降低融资成本。2018年，广东提前实现银保监会提出的"银行业对民企的贷款占新增公司类贷款的比例不低于50％"目标，为广东民企发展注入了金融动力。

在融资方面，广东继续发挥资源优化配置的功能，对国际科技创新中心建设的支撑作用进一步增强。2018年，广东在全国率先召开创新型企业境内上市和发行CDR专题政策宣讲会，并组织举办境内外上市、发债等一系列专题培训班，培育辅导备案及待审发行企业达到255家，推动47家广东企业在境内外上市，位居全国首位。已登记私募基金管理人超过6200家、管理基金规模2.3万亿元，科技支行达到95家、总行级科技金融中心3家，一大批科技型中小企业利用多层次资本市场实现了快速发展。

（3）不断进行地方金融改革创新

深化金融改革，建设现代金融体系，是经济高质量发展的题中之义。在增加实体经济有效金融供给的同时，广东以建设智慧高效的现代地方金融体系为依托，着力实现金融业自身高质量发展。2018年以来，地方金融改革创新取得多项全国首创。其中，广州绿色金融改革创新试验区建设取得阶段性成果，首创绿色项目认证、产融对接等可复制经验并向梅州、清远、云浮、肇庆、河源等地推广。自贸区争取到国家外管局在促进贸易便利化、投融资便利化、人员往来便利化、资本项目可兑换以及优化跨国公司外汇管理五方面 13 项政策支持。发行国内首只支持再生纸项目运营的绿色债券（广纸绿债）、开展全国首单美元结算的跨境船舶租赁资产交易。人民币发展为粤港澳跨境收支第二大结算货币，累计实现结算超过 12 万亿元。

实现广东金融区域更平衡发展迈出实质性步伐。广东全面落实"一核一带一区"战略，科学规划全省金融发展布局，提出未来五年金融业发展"一十百千万"目标，研究制定"一市一平台"规划布局，全省以广州、深圳区域金融中心为引领，其他 19 个地级市按照区域功能定位、禀赋特点和服务需求，以"一市一平台"为抓手，规划发展各类特色金融功能区域，推动形成金融区域协调发展新格局。比如汕头发展民间金融，湛江发展海洋金融，梅州、肇庆、清远等市发展绿色金融，潮州建设文化金融街、佛山顺德发展产融小镇、广东金融高新区打造创投小镇等。

此外，广东金融强省建设正在不断深入。一方面，广东继续大力推进大型金融机构设立和重要金融基础设施建设工作，整合两家区域股权交易场所设立广东股权交易中心，推动组建丝路保险公司，启动创新型期货交易所、粤港澳大湾区国际商业银行筹建工作。另一方面，不断提升金融"软实力"。2018 年以来，成立广东金融专家顾问委员会并召开第一次会议，组织编撰广东金融史，举办首届岭南金融文化节，开展"金融百优奖"评选，建成岭南金融博物馆，进一步推动金融文化和研究，多措并举吸纳和培养各类金融人才，促进人力资源与现代金融协同创新，增强广东金融发展的软实力。

（4）注重防范化解重大金融风险

金融稳，则经济稳。广东全面加快农信社改制，农信社改制数量超过过去十年，农信社改制工作取得阶段性成果。截至 2018 年末，需要改制的 64 家农信社当中，已有 58 家实现批筹、开业或申筹，全省未改制机构降至 6 家，全年通过各种渠道大幅清收压降不良资产，化解存量高风险机构 18 家，居全国第一。推动组建佛山、江门两家超千亿和肇庆、湛江、清远、梅州 4 家超 500 亿规模的农商行，完成潮州市辖内 3 家农信社全部统一法人组建地级市农商行筹建申报。

与此同时，广东全面打响防范化解重大金融风险攻坚战，以 P2P 网贷为重点有序推进互联网金融风险整治，坚决打击非法集资，加强对"7＋4"类地方金融机构的统一监管。虚拟货币交易场所全部关闭，股权众筹、非银行支付、互联网外汇、互联网保险、互联网资产管理及跨界领域新发风险基本遏制，防范化解重大金融风险攻坚战初战告捷。

此外，针对当前金融发展新业态，广东积极利用大数据、云计算、人工智能等金融监管科技，率先在全国建成金鹰和灵鲲两大金融风险监测防控系统，确保对各类地方金融业态、金融企业、金融产品实现监测全覆盖，对金融风险早发现、早预警、早处置。全年实现对 1 300 多万市场主体涉金融业务的实时监测，排查出高风险、高危企业 2 137 家，提示省内疑似非法金融活动平台239 家，风险趋势明显下降的企业 179 家，有关经验得到中央部门多次肯定和推广。

1.3 广东经济发展的空间特点：珠三角与非珠三角

广东传统上按地理位置和经济特点划分为珠三角与粤东、粤西和粤北山区四个经济区，而粤东、粤西和粤北山区又可统一划入非珠三角地区。珠三角经济区包括广州市、深圳市、珠海市、东莞市、中山市、佛山市、江门市、惠州市和肇庆市九市，珠三角经济区总面积有 54 770 平方公里，占全省面积的30.5%。粤东四市包括汕头、潮州、揭阳、汕尾，总面积 15 476 平方公里，占全省面积的 8.6%；粤西三市包括湛江、茂名、阳江，总面积 32 646 平方公里，占全省面积的 18.2%；粤北山区包括韶关、梅州、清远、河源和云浮，总面积 76 751 平方公里，占全省面积的 42.7%。其中珠三角九市属经济发达地区，粤东四市、粤西三市和山区五市属经济较不发达地区。广东经济的一个显著特点就是区域经济发展的不平衡。这突出体系在珠三角地区与非珠三角地区之间。

1.3.1 经济总量

从省内区域差异来看，广东发达区域仅集中在珠三角地区，珠三角与非珠三角地区的差异较大，并且呈现出继续扩大的趋势。据 2020 年统计数据，在占全省面积 69.5% 的粤东、粤西和粤北山区，整体经济实力较为薄弱，GDP总值在全省所占份额为 19%。

由于率先实行改革开放，引进各类外资，珠三角经济区的各市县在 20世纪 80 年代至 90 年代初期不同程度地开始了经济起飞。经济的快速发展促进了珠三角的城市化建设，已经形成珠三角城市群。珠三角地区与非珠三角地区的发展不均衡的现象日益明显，2019 年提出的粤港澳大湾区更是进一步拉大了差距。近30年来，粤东、粤西及粤北山区虽然也在发展，但由于区位条件和其他客观因素的制约，其总体水平与珠三角的差距进一步扩大了。广东经济的发展，与其高度的外向联系有关，而多年来广东的外向经济联系基本上发生在珠三角地区，而非珠三角地区外向经济联系非常有限，加上珠三角地区的经济辐射能力并不强劲，导致了非珠三角地区发展相对缓慢。现如今珠三角的第二产业已经逐渐发展至成熟化阶段，产业结构开始转为以服务业为主，而非珠三角地区第二产业比重仍较高，还处于工业化发展阶段。

首先从GDP来看，2019年珠三角九市GDP总量为86 899.05亿元，分别是粤东、粤西和粤北山区的12.5、11.4、14倍，是三者之和的4.18倍。珠三角九市GDP总量占全省比重达80.71%，粤东、粤西及粤北山区分别占6.46%、7.07%、5.76%（表1-4）。相较于2012年，珠三角与非珠三角地区的差距进一步扩大。

表1-4　2019年珠三角地区与非珠三角地区GDP比较

地区	地区生产总值（亿元）	珠三角地区占非珠三角地区比重	占全省比重（%）
珠三角	86 899.05	—	80.71
粤东	6 957.09	12.49	6.46
粤西	7 609.24	11.42	7.07
粤北山区	6 205.69	14	5.76

数据来源：根据广东省统计局所公布的历年《广东省统计年鉴》计算整理绘制。

通过2019年全省21个地级GDP总量排名看，GDP超过10 000亿的有广州、深圳、佛山3个，全部为珠三角城市。GDP超过3 000亿的城市有13个，珠三角九市全部入围，非珠三角地区有4个城市入围，而且排名都位于中后段水平，粤西入围城市茂名、湛江排名分别为第7、10，粤东入围城市汕头、揭阳排名分别为第11、13。粤北山区无一入围。排名第一的深圳GDP总量是排名最末位云浮的29.2倍（表1-5）。

表1-5　2019年广东省21个地级市GDP排名

分段	排名	城市	地区生产总值（亿元）
1. 10 000亿元以上	1	深圳	26 927.092
	2	广州	23 628.595 31
	3	佛山	10 751.023 55

（续）

分段	排名	城市	地区生产总值（亿元）
2. 3 000亿～10 000亿元	4	东莞	9 482.498 078
	5	惠州	4 177.410 734
	6	珠海	3 435.886 7
	7	茂名	3 252.339 747
	8	江门	3 146.643 262
	9	中山	3 101.099 9
	10	湛江	3 064.719 727
3. 1 000亿～3 000亿元	11	汕头	2 694.081
	12	肇庆	2 248.802 897
	13	揭阳	2 101.769 579
	14	清远	1 698.223 864
	15	韶关	1 318.412 315
	16	阳江	1 292.183 2
	17	梅州	1 187.059 4
	18	潮州	1 080.937 385
	19	汕尾	1 080.299
	20	河源	1 080.028 514
4. 1 000亿元以下	21	云浮	921.963 885 2

数据来源：根据广东省统计局所公布的历年《广东省统计年鉴》计算整理绘制。

1.3.2 发展水平

就2006—2019年珠三角与非珠三角地区的人均GDP来看，珠三角与其他区域人均GDP差距不断扩大。历年来珠三角地区均为首位，极化效应明显，粤东、粤西及粤北山区之间的排名也较为稳定，分别为第三、第二和第四名，尤其是粤北山区，2019年的人均GDP还未超37 000元，仅为珠三角九市的27%（表1-6）。十四年间，广东省人均产值最高的珠三角地区与其他三个区域的人均GDP的差距虽然不断增大，但扩大的速度逐渐趋于缓和（图1-10）。与此同时，区域不均衡现象仍然较为显著，粤东西北地区的发展还有待提速。2006—2019年间，珠三角的人均GDP增加了89 223元，而粤东西北地区分别增长了28 926元、33 246元和26 091元，甚至远远低于国家人均GDP增长水平。

表 1-6 2006—2019 年珠三角与非珠三角人均 GDP

单位：元

地区	2006 年	2008 年	2010 年	2013 年	2015 年	2016 年	2017 年	2018 年	2019 年
珠三角	47 112	60 010	69 281	93 838	107 481	114 879	123 319	129 206	136 335
粤东	11 031	15 042	18 561	26 196	30 046	32 885	35 113	37 547	39 957
粤西	13 518	18 142	22 912	33 262	37 142	39 191	42 333	44 693	46 764
粤北山区	10 606	15 208	18 338	24 713	28 090	30 458	32 608	34 338	36 697

数据来源：历年《广东省统计年鉴》。

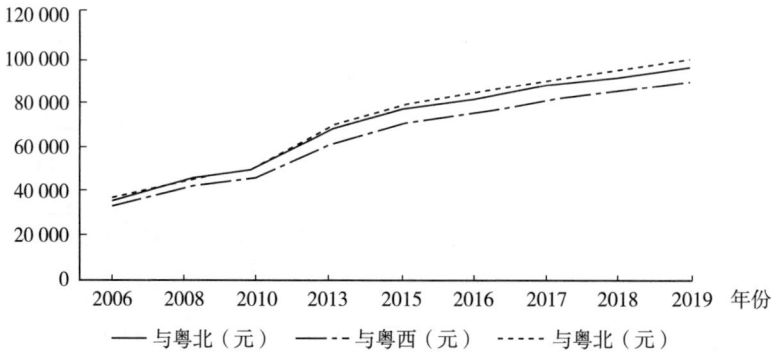

图 1-10 2006—2019 年间珠三角与其他三个地区人均 GDP 差距
数据来源：根据广东省统计局所公布的历年《广东省统计年鉴》计算整理绘制。

1.3.3 对外开放

从对外开放的程度来看，珠江三角洲与东西两翼、粤北山区的差距更加明显。2019 年，珠三角九市的出口额占全省的比重高达 94.83%（表 1-7），而实际外商直接投资也高达 96.02%，非珠三角地区仅占少量比重。由于过去近 30 年的外商投资活动和进出口贸易活动主要集中在第二产业特别是工业上，而珠三角地区的工业化程度明显高于其他地区，因此全省的外商投资活动和进出口贸易活动高度集中在珠三角地区，并且不平衡的程度远高于经济产出总量和工业化的不平衡程度。这种外向程度上的差距，一方面强化了珠三角地区的对外联系程度，另一方面也弱化了珠三角和非珠三角地区之间的经济联动。

表 1 - 7 2015—2019 广东四大区域出口总额

地区	2015 年	2016 年	2017 年	2018 年	2019 年
珠三角	37 824.33	37 310.47	39 982.37	40 643.62	41 173.44
粤东	1 105.23	1 135.29	1 120.10	990.61	1 040.68
粤西	393.47	385.68	427.78	441.21	497.05
粤北山区	660.04	689.10	662.62	668.62	704.87
全省	39 983.07	39 520.54	42 192.86	42 744.06	43 416.04

数据来源：根据广东省统计局所公布的历年《广东省统计年鉴》计算整理绘制。

1.4 广东经济发展的空间特点：城乡之间

1.4.1 人均消费

随着常住人口向城镇地区高度集聚，广东城镇化水平越来越高，充分体现出人口往大城市"堆积"的现象。城市人口大规模增长，广东居住在城镇的家庭户比重不断提高，乡村家庭户平均人口规模逐步缩小。1982 年，广东家庭户有 1 077.66 万户，平均每个家庭户 4.79 人，为历次人口普查之最，以后不断缩小。2018 年，全省居住在城镇的家庭户占比 93.64%，比"十二五"期末增加 1.81 个百分点；乡村家庭平均户规模 3.63 人/户，比"十二五"期末每户减少 0.34 人。家庭户规模持续缩小的主要原因有三个：一是家庭逐步演变为小型化的"三口之家"；二是受流动人口的影响，有相当一部分外来务工人员是以一个人或一对夫妇的形式独自居住；三是随着住房条件的改善和优化，年轻人逐步独自居住，从而使家庭户总数增加，户规模持续缩小。

同时，随着省内人均 GDP 的增长（图 1 - 4），广东省城乡居民人均消费水平也相应逐年稳步增长（图 1 - 11）。其中，除 2018 年和 2020 年外，如图 1 - 12所示，城乡居民消费支出差额呈现逐渐扩大的趋势（2020 年差额减少可能是受新冠疫情影响）。2020 年，广东居民人均消费支出 28 492 元，同比下降 1.7%，其中城镇居民受到的影响更为明显。城镇居民人均生活消费支出 33 511 元，下降 2.7%；农村居民人均生活消费支出 17 132 元，增长 1.1%。按消费类别分，八大类消费支出呈现"2 升 1 平 5 降"态势。其中，食品和居住消费分别增长 2.8% 和 5.5%，生活用品及服务消费与 2019 年基本持平，教育文化娱乐、其他用品和服务、衣着、医疗保健、交通通信消费分别下降

24.7%、14.4%、12.4%、5.2%和0.7%。

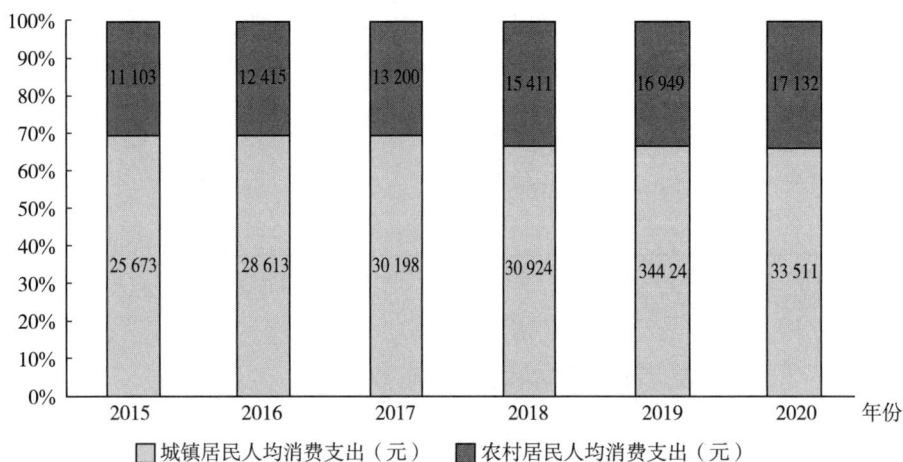

图 1-11　2015—2020 年广东省城乡居民人均消费支出

数据来源：根据广东省统计局所公布的历年《广东省统计年鉴》计算整理绘制。

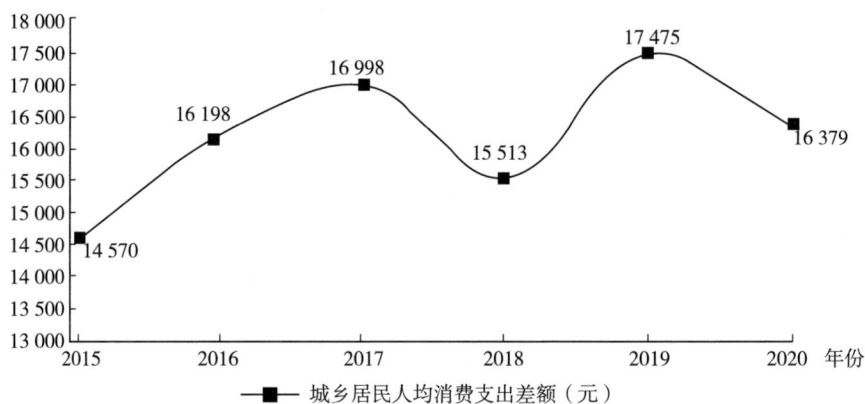

图 1-12　2015—2020 年广东省城乡居民人均消费支出差额

数据来源：根据广东省统计局所公布的历年《广东省统计年鉴》计算整理绘制。

　　全省分区域人口城镇化水平均有不同程度的提高，但仍面临区域发展不平衡的现状。2019 年，按四大区域划分的人口城镇化水平分别为珠三角核心区86.28%、粤东 60.38%、粤西 45.81%，粤北山区 50.8%，分别比上年提高0.37、0.09、1.26 和 1.07 个百分点（表 1-8）。珠三角地区的城镇化率远高于国家城镇化水平，比同在广东省的西翼北翼地区高近一倍，与京沪津三大直辖市相当，进入城镇化建设成熟阶段。其他三个地区增长速度较为缓慢，西翼和山区的建设水平与全国平均水平仍有一段差距，这三个地区总体上仍处于城镇化建设加速发展阶段。由此可见，区域间的城市化差距十分明显。

表 1 - 8　2000—2019 年广东四大区域城镇化水平

单位：%

地区	2000 年	2005 年	2010 年	2014 年	2015 年	2016 年	2017 年	2018 年	2019 年
珠三角	71.59	77.32	82.72	84.12	84.59	84.85	85.29	85.91	86.28
粤东	50.45	54.75	57.71	59.55	59.93	60.02	60.07	60.29	60.38
粤西	38.64	40.23	37.67	41.03	42.01	42.68	43.52	44.54	45.81
粤北山区	36.96	40.16	44.29	46.37	47.17	47.85	48.58	49.73	50.80

数据来源：历年《广东省统计年鉴》。

经济区域间城镇化发展的不平衡也导致了资源供应与人口数量的分布不平衡问题，珠三角核心区是劳动力的净流入地，人口流入量逐年增加。2015—2019 年间珠三角常住人口年增量均超过 100 万人（图 1 - 13），其中，在 2019 年广东新增常住人口中，广深新增量占据近一半，珠三角新增量占比达 83.4%。这使得珠三角地区的住房、医疗、基础设施等资源供不应求，外来人口的生活得不到好的保障，落户成为市民更是艰难。而粤东、粤西以及粤北山区的公共基础设施供应远不如珠三角地区，一定程度上阻碍了粤东、粤西以及粤北山区的城镇化进程。

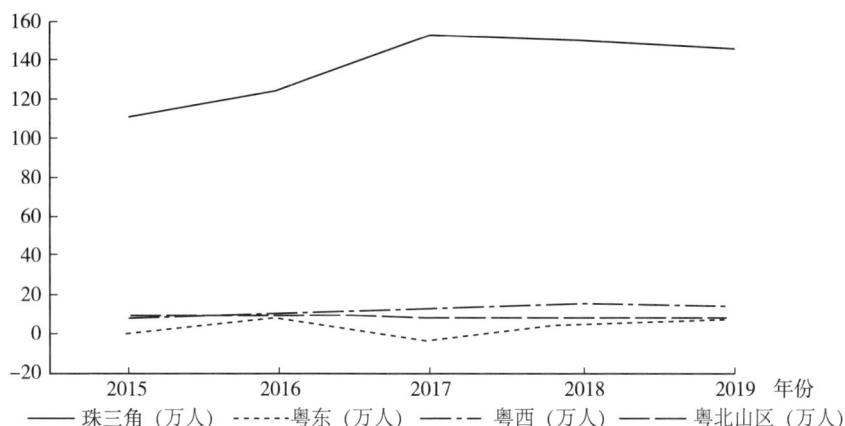

图 1 - 13　2015—2019 年广东四大区域常住人口增量

数据来源：根据广东省统计局所公布的历年《广东省统计年鉴》计算整理绘制。

1.4.2 人均可支配收入

与此同时，由于珠三角地区城镇化和工业化发展程度较高，相较于农村居民，区域间城镇居民的人均可支配收入差距较大（表 1-9）。2019 年珠三角城市居民的人均可支配收入达到了 56 638 元，比上年增长 4 509 元，但在非珠三角地区，城镇居民的人均可支配收入仅为 29 523 元，仅为珠三角地区的 52%。而两地农村居民人均差异则相对较小，非珠三角地区约为珠三角地区的 67.9%。

表 1-9　2015—2019 年珠三角与非珠三角地区城镇与农村居民人均可支配收入

单位：元

年份	珠三角人均可支配收入		非珠三角人均可支配收入	
	城镇居民	农村居民	城镇居民	农村居民
2015	40 284.5	17 296.4	22 018.2	12 019.1
2016	43 967.4	19 063.7	23 871.9	13 147.1
2017	47 926.9	20 813.5	25 767.5	14 297.8
2018	52 129.119 17	22 805.625 1	27 522.292 65	15 570.230 89
2019	56 638.748 19	25 025.824 99	29 523.061 86	16 992.800 09

数据来源：根据广东省统计局所公布的历年《广东省统计年鉴》计算整理绘制。

1.5　广东金融的区域特点

广东作为中国经济的先行和试验地，在中国改革开放的大好政策红利下，金融业发展取得了突飞猛进的增长。然而，广东金融业强劲增长的背后却伴随着珠三角与非珠三角地区存贷款分配不均，上市公司、证券公司等金融机构高度集聚在广深两地等现状。

从金融机构数量分布的角度来看，2019 年广东省珠三角地区的广州、深圳、东莞、佛山等中资金融机构达 10 934 家，占据整个广东省金融机构总数的 66%。东西两翼、山区的韶关、河源、梅州、汕尾、阳江、清远、潮州、揭阳、云浮等市中资金融机构才 5 595 家，仅占总数的 34%（图 1-14）。与城市相比，广东农村的金融机构数目仍然偏少。金融机构分布的失衡，一方面增加了农村居民享受金融服务的交易成本，使得原本相对于农村居民较高的金融服务门槛显得更加难以逾越。另一方面，相反，金融机构大量集中于中心城市特别是珠三角地区，产生集聚效应，降低了城市居民享受金融服务的成本，从而城市居民能够享受到更多的金融服务。

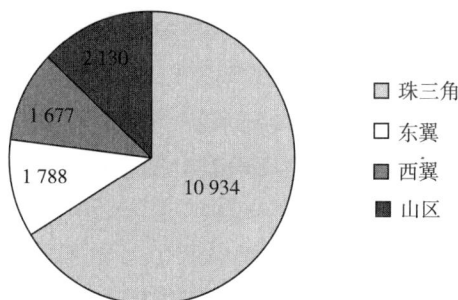

图 1-14　2019 年广东四大区域中资金融分布（单位：家）

　　从金融资产总额来看，2015—2019 年期间，珠三角与非珠三角地区金融资产总额差距逐渐增大（表 1-10）。2019 年，珠三角地区金融机构本外币存款约为 205 988 亿元，占据全省大部分的金融资源，所占的比例约为 88.61%（图 1-15）；非珠三角地区仅有 26 470 亿元，是珠三角地区的 12.85%。可见，珠三角地区的金融要比省内其他地区发达得多，而粤东西北地区的金融发展仍处于欠发达水平。

表 1-10　2015—2019 年珠三角与非珠三角地区金融机构本外币存贷款情况

单位：亿元

年份	珠三角		非珠三角地区	
	金融机构本外币存款	金融机构本外币贷款	金融机构本外币存款	金融机构本外币贷款
2015	141 609.044 6	85 741.777 41	18 779.173 97	9 919.343 366
2016	158 966.41	100 149.59	20 862.784 81	10 778.82
2017	171 937.41	113 683.01	22 598.337 57	12 348.939 35
2018	183 537.91	131 084.22	24 513.252 16	14 085.176 62
2019	205 988.39	151 816.93	26 470.251 51	16 177.655 54

数据来源：根据广东省统计局所公布的历年《广东省统计年鉴》计算整理绘制。

　　从上市公司分布来看，珠三角与非珠三角地区差距巨大（表 1-11）。截至 2019 年 7 月 15 日，广东省 A 股上市企业总数共 596 家，位居全国第一。按各地级市分类，第一名是深圳市，有 289 家，第二名是广州市，有 101 家，第三名是佛山市有 36 家企业成功上市。深圳市的上市企业总数占全省上市总数的 48.49%。其中，珠三角地区共有 533 家，非珠三角地区仅有 63 家，且河源、汕尾、云浮三市上市公司数量为零。

2019年金融机构本外币存款

3.51%   4.10%

3.78%

88.61%

2019年金融机构本外币贷款

3.13%   3.91%

2.58%

90.37%

珠三角占全省比重
粤东占全省比重
粤西占全省比重
粤北山区占全省比重

珠三角占全省比重
粤东占全省比重
粤西占全省比重
粤北山区占全省比重

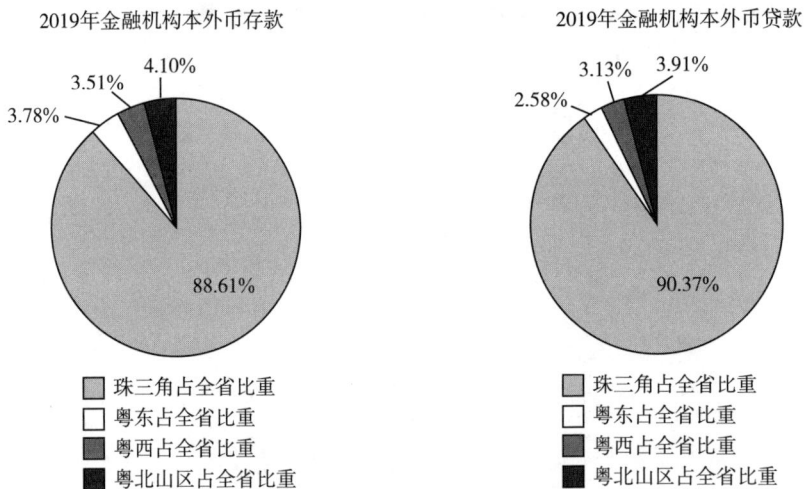

图 1-15   2019 年各区域金融机构本外币存贷款占全省比重

数据来源：根据广东省统计局所公布的历年《广东省统计年鉴》计算整理绘制。

表 1-11   广东省 A 股上市企业各城市分布情况

排序	城市	上市企业数量	占比（%）	排序	城市	上市企业数量	占比（%）
1	深圳	289	48.49	12	肇庆	7	1.17
2	广州	101	16.95	13	揭阳	6	1.01
3	佛山	36	6.04	14	韶关	3	0.50
4	汕头	33	5.54	15	湛江	2	0.34
5	珠海	28	4.70	15	阳江	2	0.34
6	东莞	27	4.53	17	茂名	1	0.17
7	中山	22	3.69	17	云浮	1	0.17
8	江门	12	2.01	19	河源	0	0
9	惠州	11	1.85	19	汕尾	0	0
10	梅州	8	1.34	19	云浮	0	0
11	潮州	7	1.17				

数据来源：根据广东省统计局所公布的历年《广东省统计年鉴》计算整理绘制。

1.6   广东发展普惠金融的意义

1.6.1   普惠金融的定义

普惠金融的概念从提出至今已有很大的发展。2005 年，联合国第一次明确提出普惠金融（Inclusive Finance）的概念，其含义是一个能有效地、全方位地为社会所有阶层和群体，尤其是贫困、低收入人口提供服务的金融体系。此时的普惠金融，重点关注的是小额信贷等微型金融产品和机构层面的活动。到目前为止，普惠金融已经演变成为一个更为复杂的金融生态体系，不仅包括不同类型的金融产品，也包括了金融消费者、金融服务者等不同的参与主体；不仅包括商业性金融机构，也包括政策性金融和政府机构；不仅包括提供基本金融服务的机构（如银行、保险公司等），也包括了为这些机构提供服务降低金融服务成本、提升金融服务效率的第三方机构，等等。在此之后，国际上一些机构和学者对普惠金融也有相关的研究，Helms（2006）将普惠金融体系的概念定义为有效、全方位地为社会所有阶层和群体提供服务的金融体系，特别是让广大被排斥在正规金融体系之外的群体拥有或者享受金融服务的权利。

从普惠金融的理论来看，主要是从以下几方面来理解。首先，人人享有金融服务的权利，这是人最基本的权利；其次，政府要制定合理的制度安排，在金融服务的供给者和需求者之间实现有效的配置。实践证明，低收入群体也具备有效的金融需求，金融服务在某种程度成为他们脱贫致富的一种手段（Bhuiya and Chowdhury，2020）。最后，在一个成熟的金融体系之下，每一个经济主体应该具备实现其所需要的全部合理的金融服务需求。

从严格的定义来看，不同观点对普惠金融服务对象的描述略有不同。一类观点认为，普惠金融服务的对象仅为被排斥在传统金融体系之外的群体（包括个人群体与中小微企业），另一类普惠金融全球合作伙伴组织（GPFI）将普惠金融定义为"所有处于工作年龄的成年人（包括目前被金融体系所排斥的人），都能够有效获得正规金融机构提供的以下金融服务：贷款、储蓄（广义概念，包括活期储蓄）、支付和保险"，同时进一步将"有效获得"定义为"消费者以可以负担的成本获得、提供能够持续供给的便捷、负责任的金融服务，使那些被排斥在金融服务之外和金融服务不足的消费者能够获得和使用正规金融服务"。世界银行于2014年发布的《全球金融发展报告：普惠金融》将普惠金融非常简单明了地定义为"使用金融服务的个人和企业占全部个人和企业的比例"。

在中国，不同学者对普惠金融有着不同的理解。2006年，焦瑾璞在北京召开的亚洲小额信贷论坛上，正式使用了"普惠金融体系"的概念，认为普惠金融是指以商业可持续的方式，为包括弱势经济群体在内的全体社会成员提供全面的金融服务。吴晓灵（2013）认为普惠金融更多的是为城乡低入入人群和吸纳社会就业的小微企业提供金融服务，是中国构建和谐社会的助推器。周小川（2013）将普惠金融定义为"通过完善金融基础设施，以可负担的成本将金融服务扩展到欠发达地区和低收入群体，向他们提供价格合理、方便快捷的金融服务，不断提高金融服务的可获得性"。2016 年，国务院印发《推进普惠金融发展规划（2016—2020 年）》，其中明确指出，"普惠金融是指立足机会平等要求和商业银行可持续原则，以可以负担的成本为有金融需求的社会各阶层和群体提供适当、有效的金融服务。小微企业、农民、城镇低收入人群、贫困人群和残疾人、老年人等特殊群体是当前我国普惠金融的重点服务对象。"中国人民银行和世界银行在 2018 年初联合发布《全球视野下的中国普惠金融：实践、经验与挑战》，将普惠金融定义为"个人、小微企业（MSEs）能够获取和使用一系列合适的金融产品和服务，这些金融产品和服务对消费者而言便捷安全，对提供者而言具有商业可持续"。

总体而言，普惠金融包含了五层含义：一是服务对象的广泛性，可以服务各类客户，特别是欠发达地区和社会低收入人群；二是服务渠道的便捷性，包括传统物理渠道和网络电子渠道；三是服务产品的全面性，能够满足客户的相对全面的金融服务需求；四是经营模式的商业性，金融机构要遵循可持续发展而并非是政策性或是帮扶性；五是机构参与的共同性，应该是所有金融机构都要参与进来，合理的配置金融资源，满足各种人群的金融需求。

1.6.2　广东普惠金融的特点与难点

（1）各方主体参与普惠金融发展的动力仍显不足

普惠金融之所以被称为"普惠"，强调的是普惠所有人群，服务对象主要为农民、小微企业等低收入群体和弱势群体。这一群体通常生产规模小，无法提供充足的抵押品，使用普惠金融的积极性仍有待加强。第三次经济普查数据显示，广东省小微企业占市场主体的 95.5%，而 2019 年普惠型小微企业贷款余额户数仅为 106 万户，大部分的小微企业还没有参与到普惠金融中。而金融产品和服务的主要提供者——金融机构作为理性经济人，企业利润最大化的目标与普惠金融的价值追求之间存在冲突。考虑到为这部分群体提供金融服务的风险较高，金融机构天然会选择有一定规模，有发展前景、预期收益好、能提供充足抵押物的客户，而不是农户、小微企业及其他弱势群体。

（2）普惠金融发展不平衡问题较为突出

一是区域发展不平衡。经过近几年的大力发展，广东普惠金融发展取得很大的进步。但是受到经济运行多年累积的周期性、体制机制性的矛盾影响，珠三角和非珠三角地区发展不平衡、城乡发展不平衡问题直接影响了普惠金融发展。具体表现在珠三角地区及个别发达城市普惠金融发展成效更为显著，而西部地区、农村地区普惠金融发展较弱。一方面是因为金融环境上的差异，珠三角地区有两大区域金融中心（深圳和广州），佛山市也设立了广东省金融高新区，因此省政府给予的支持力度更大。另一方面是因为城乡地区在金融规划上相对薄弱，没有专门金融政策支持。随着金融机构迅猛发展，金融业产生了集聚现象，金融服务网点逐渐向城市中心区和自贸区集中，城郊和农村居民难以获得均等化的基本金融服务。而且随着近年来国有商业银行和农村信用社不断推进机构整合，加之有些地方乡镇区划调整后，农村信用社随之撤并，造成了当地居民存款难、取款难、结算难、贷款难的问题。

二是供求不平衡。首先，普惠金融服务提供方提供的产品和服务，多针对的大客户设计，具有同质化特性。而普惠金融产品和服务需求方的金融需求具有多样化的特点，供求之间存在不平衡性。虽然有部分银行已经针对普惠金融特点推出了个性化金融产品，但依然处于起步阶段，无法满足农民、小微企业、个体工商户等的个性化服务需求。其次是银行的偏好导致了地区之间金融业发展不平衡问题。因为观念的影响，以四大国有银行为主体的银行体系历来重视具有政府和国有背景的大中型企业以及规模化经营的民营经济，而对广大风险高收益低的中小民营企业提高借贷门槛。急需资金支持的民营企业和私营企业面对烦琐的贷款办理手续和长时间的等待往往会选择放弃申请贷款。

（3）普惠服务对象的金融素养有待提高

让农村人口及老年人、残疾人等弱势群体能够享受金融服务是大力发展广东普惠金融的目的之一。通过各方共同努力，目前广东普惠金融服务供给有了很大改善，但是在普惠金融服务需求方面还有很大不足。原因在于普惠金融服务对象使用金融产品和服务的能力有很大欠缺。由于受到教育程度、接受能力、知识年龄结构等的限制，普惠金融服务对象学习获取金融知识的客观条件和主观意愿都有限，导致这部分群体金融知识匮乏，金融产品和服务使用率偏低。尤其在经济不发达的粤北山区表现更为明显，在一定程度上限制了普惠金融发展。

（4）建设资金短缺制约可持续发展

党的十九大报告提出，我国社会主要矛盾已经转化为人民日益增长的美好生活需要和不平衡不充分的发展之间的矛盾。这个主要矛盾在金融领域的重要表现就是有大量的小微企业、"双创"客户、弱势群体、贫困人口等得不到较好的现代金融服务，通过大力发展普惠金融有助于解决这个矛盾。发展普惠金融的目的就是要提升金融服务的覆盖率、可得性、满意度，满足人民群众日益增长的金融需求。但在当前，广东农村普惠金融发展主要由政府部门主导、金融机构承办，通过行政力量推动，成本依靠地方财政支持和当地金融机构让利分担。而欠发达地区政府财政收入不足，金融机构实力较弱，所以，农村普惠金融发展普遍存在资金短缺。比如，至 2015 年一季度末，梅州市政府先后投入 3 000 多万元对乡村金融服务站和小额取现"村村通"工程给予补贴，若要继续投入，则会导致财政压力比较大。另根据调查，在许多助农取款点，金融机构每年都面临着亏损的状况，亏损经营严重影响了金融机构的积极性。

随着普惠金融实践的发展，其带来的影响有许多方面。第一，有助于保障农民金融权利的机会公平，为全体公民接触金融服务创造公平、平等机会。第二，能有效降低收入分配不均、缩减贫富差距，进而提高经济增长的可持续性。第三，普惠金融的金融属性，有助于监管部门经济调节政策的实施，有助于金融机构分散其资产投资领域和丰富其服务客群属性，进而降低整体的流动性风险，有利于金融体系的稳定。普惠金融涉及小微、"双创"、扶贫、涉农等领域，涵盖范围广泛，关系国民经济质量和效益，关系就业和民生改善，是解决新时代发展不平衡不充分的社会主要矛盾、实施乡村振兴、打好脱贫攻坚战、支持实体经济补短板、降低社会融资成本、推动全面建成小康社会的需要，是践行创新、协调、绿色、开放、共享新发展理念的战略领域。发展普惠金融，还有利于促进广东省金融业可持续均衡发展，推动经济发展方式转型升级，增进社会公平和社会和谐，引导更多金融资源配置搭配经济社会发展的重点领域和薄弱环节。大力发展普惠金融，是金融业支持现代化经济体系建设、增强服务实体经济功能的重要体现，是缓解人民日益增长的金融服务需求和金融供给不平衡不充分之间矛盾的重要途径，也是我国全面建成小康社会的必然要求。

2 广东普惠金融发展概况 //////////

2.1 广东普惠金融发展阶段与政策

2.1.1 发展历程

广东省作为中国经济改革的前沿阵地，普惠金融紧跟国内外发展趋势，在国家将普惠金融作为金融发展战略背景下，广东省通过普惠金融政策扶持、农村金融试点改革、金融组织和服务形式创新等途径大力推动省域普惠金融发展。由于农村金融仍然是广东省金融发展的瓶颈，因此当前广东省普惠金融推进重点仍然在农村地区和城乡接合部。根据服务对象、服务内容以及金融产品的不同，可以将广东普惠金融的发展分为四个阶段：

(1) 小额信贷阶段（2009—2013 年）

小额贷款公司是主要运用民间资金，重点为"三农"和小型企业提供小额贷款的金融组织，按照市场化原则"自主经营、自负盈亏、自我约束、自担风险"。2009 年 3 月，广东省第一批试点经营的小额贷款公司成立，首批申报并审核通过的小额贷款公司共有 34 家。首次获得核准的有广州、汕头、佛山、韶关、河源、梅州、惠州、东莞、中山、江门、阳江、肇庆、清远等 12 个地级以上城市共 21 家公司，首批两次、三次获得核准的公司分别有十家和三家。从资本构成来看，这 34 家小额贷款公司包含国有企业、民营企业和自然人出资。从组织形式看，有限责任公司 22 家、股份有限公司 12 家。从产业背景看，包括了农业、科技、房地产、服装、家具、玩具、工业、汽配等多个产业。

(2) 微型金融阶段（2013 年）

随着普惠金融服务对象的外延，金融产品和服务的多样化以及提供金融服务主题的多元化，普惠金融实践由普惠金融小额信贷阶段发展至普惠金融的微型金融阶段。第一阶段目标客户群主要为"经济活跃"的穷人群体，即依然排斥极端贫穷的穷人。因此，广东开始开展基于农户自身信誉，向农户提供无须抵押、质押或担保的信用贷款，并同步建立完善农户贷款档案系统。2013 年，全省首个县级征信中心在云浮市郁南县成立，打破政府各部门之间及政府部门与银行之间的"信息孤岛"状态，实现信息共享。在此基础上，还开发了"郁南县企业非银行信用信息查询系统"及"郁南县农户信用档案系统"，实现信用数据的动态采集、处理和交换，为农村信用体系的完善提供了信用信息资源。

（3）普惠金融阶段（2013—2016 年）

突破零散金融服务机构范畴，建立完善的服务于被排斥人群的金融体系的先进理念，是第三阶段即普惠金融阶段相对于第二阶段（微型金融阶段）的主要优越性。我国 2005 年中央 1 号文件中明确表示，"有条件的地方，可以探索建立更加贴近农村和农村需求、由自然人或企业发起的小额信贷组织"。这是广东进入普惠金融实践探索第三阶段（综合性普惠金融阶段）的重要标志。在这一阶段时期，银行金融服务逐步将小微企业纳入服务范围，小额信贷组织和村镇银行也在农村地区迅速兴起。同时，信息科技的快速发展为普惠金融的网络化、移动化打下坚实基础。

（4）互联网普惠金融阶段（2016 年至今）

从小额信贷阶段到普惠金融阶段，金融服务均围绕线下网点展开，必然会导致金融服务严重受限于地域与时间的限制，而互联网普惠金融阶段引入互联网技术与金融业务相结合，普惠金融得以爆发式增长。2016 年，广东省政府在《广东省推进普惠金融发展实施方案（2016—2020 年）》中首次提出，运用新兴信息技术及互联网手段拓展普惠金融服务。鼓励金融机构运用大数据、云计算等新兴信息技术，打造互联网金融服务平台，积极发展电子支付手段，进一步构筑电子支付渠道与固定网点相互补充的业务渠道体系，加快以电子银行和自助设备补充、替代固定网点的进度。推广保险移动展业，提高特殊群体金融服务可得性。随着互联网技术的进步，广东目前已形成了第三方支付、移动支付、P2P 信贷等种类繁多的新型金融服务模式。互联网金融在广东的迅猛发展，也促使传统金融机构的变革，反向推动它们在服务便捷性、产品创新性、服务定制化、高覆盖率等方面积极变革，从而成为广东普惠金融的一个重要组成部分。

2.1.2 推进普惠金融发展的政策措施

（1）具体政策与措施

近年来，广东省颁布了一系列金融政策，通过"政府引导、市场运作"的双轮驱动方式促进普惠金融发展。从政策层面来看，现阶段，广东省政府正积极推进普惠金融发展，对普惠金融如何发展、怎样发展的问题积极探索出路，以期找到一条适合本省的发展之路。

2009 年，广东省以郁南县信用体系建设为切入口，开始探索农村普惠金融发展的新道路。到 2014 年底，郁南县共有 49 650 户农户参与信用等级评定，符合评定条件的农户全部参加评级，参评农户信用信息统一录入县征信中心进行管理。其中有 41 515 户农户被评为信用户（优秀 9 091 户、较好 32 424 户），实现信用村建设、信用户授信全覆盖，金融机构对其中 4.15 万户信用户授信 3.67 亿元，累计对 5 638 户农户发放 8 600 万元农户小额信用贷款。

2013 年，广东省委、省政府发布了《关于全面推进金融强省建设若干问题的决定》，明确提出要大力发展国际金融、产业金融、科技金融、农村金融、民生金融等五大金融，并推动粤东西北地区金融跨越发展，2014 年《广东省人民政府办公厅关于深化金融改革完善金融市场体系的意见》明确要求进一步深化农村金融改革，提高金融服务"三农"水平；加大对粤东西北地区振兴发展的金融支持力度，促进区域协调发展。同年 9 月，广东省金融办等相关职能部门联合印发《广东省开展农村普惠金融试点方案》的通知，要求广东全省在粤东西北 12 个地级市集中开展以"八项行动"为核心的农村普惠型金融试点工作，全面优化农村金融环境，切实解决农村融资难、融资贵问题，努力推动农业增效、农民增收、农村发展。在政府推动和金融机构的广泛参与下，当前广东省普惠金融进入了全面的创新推动阶段。

2014 年年初，广东省将深化金融改革写入政府工作报告，并将建设农村普惠金融列为当年的重点工作。6 月，广东省印发了《关于深化金融改革完善金融市场体系的意见》，要求深化农村金融改革，提高金融服务"三农"水平。本次"八项行动"的实施，将广东农村普惠金融建设提高到一个前所未有的水平。

2014 年 9 月 26 日，由广东省金融办、人民银行广州分行、省委农办、省农业厅等 8 个部门联合制定《广东省开展农村普惠金融试点方案》，《试点方案》要求广东省在粤东西北 12 个地级市集中开展以"八项行动"为核心的农村普惠型金融试点工作，全面优化农村金融环境，切实解决农户及小微企业融资难题，克服农村金融服务成本较高，风险补偿机制不健全等困难，努力推动农业增效、农民增收、农村发展，为农村金融建立政策支持体系和长效激励机制，破解农村普惠金融"最后一公里"难题。

为进一步提高金融服务"三农"水平、发挥金融支持粤东西北地区振兴发展作用，广东在粤东西北地区开展普惠金融试点，推进县级综合征信中心、信用村、乡村金融（保险）服务站、乡村助农取款点的建设，以及农村产权抵押担保贷款、"政银保"合作农业贷款、妇女小额担保财政贴息贷款、金融扶贫贷款的推广等"八项行动"。

在试点方案中，每个试点县都将建立一个县级综合征信中心，主要依托人民银行广州分行的"广东省农户信用信息系统"，采集公安、工商、法院、税务、海关、国土、环保等政府部门的非银信息，建立综合性信用信息共享平台，实现信用信息的互联互通、共建共享。

试点方案还细化了金融支持政策，进一步强化金融服务农村经济的力度。具体包括增加县域金融机构服务网点和村镇银行、小贷公司、融资担保公司等机构；制定落实"县域内金融机构新吸收的存款主要用于当地发放贷款"的考核办法；对妇女小额担保财政贴息贷款实行基准利率或优惠利率；积极推行对新型农业经营主体的第三方信用评价；推动农村金融生态环境建设，切实维护农村金融稳定等内容。同时广东省人民政府金融工作办公室和人民网广东频道联合推出了"广东金融创新—普惠三农"的专题，集中报道各地的成功经验。

2021年，广东省人民政府在《广东省国民经济和社会发展第十四个五年规划和2035年远景目标纲要》中提到，要提升粤东粤西粤北地区金融协调发展水平。实施粤东粤西粤北地区金融倍增工程，完善政策支持体系和金融对口帮扶机制，引导珠三角地区金融资源助力粤东粤西粤北地区金融补短板。支持汕头依托华侨经济文化合作试验区强化金融资源聚集，支持湛江建设蓝色（海洋）金融创新试验区。争创粤东粤西粤北地区普惠金融试验区，完善农村普惠金融体系，发展特色农业保险。

（2）实施效果

从实施效果上来看，广东省普惠金融有了快速的发展，也取得了一定的成效。2015年6月普惠试点县已经全面开展，目前也不断增加相关服务的信用村建设，到2016年，全省已经有信用村约2 000个投入工作当中；其次，县级综合征信中心的建设工作也已经全部启动，大量的征信中心被建成并投入使用，同时各县的信用村数量不断扩大，其中认定信用户近30万户。此外，为了使得乡村地区更加高效地获取金融服务，相关的基础金融设施建设如：乡村助农取款点和乡村金融（保险）服务站都已经全部开展建设，其中大部分试点县已经实现了金融服务设备的全覆盖，其他地区也逐步实现。不仅如此，广东省还在普惠金融的各项业务上进行创新，针对农村抵押贷款，从而推广农村产权抵押担保贷款工作；为妇女提供专项服务，其中有妇女小额担保财政贴息贷款项目；另外还有保证农业发展的"政银保"合作农业贷款项目和关注民生的项目金融扶贫贷款项目；在全辖行政村实现"三通"：信用通、站点通、服务通。目前已经取得积极成效。

广东省积极落实普惠金融的相关政策，支持全省的普惠金融发展和建设工作，相关工作取得了较好的成效。但由于广东省一直存在农村金融服务短缺的问题，为了推动普惠金融发展和解决"三农"领域最重要的问题，省委、省政府通过加大政策支持激励基层组织积极发展普惠金融，同时以信用建设为基础，大力培养和提高涉农企业和农户的诚信意识以破解"三农"融资难问题，稳步推进普惠金融体系建设。另外，通过政策扶持、市场竞争和金融创新，中小微企业、欠发达地区、弱势群体逐步获得适当的金融产品和金融服务。经过五年发展，广东省普惠金融发展在政府政策支持下，取得了显著成效，获得了阶段性胜利。

2015年8月5日，由省联社主办的"广东普惠金融论坛"在广州举行，国内著名金融专家、学者围绕"发展普惠金融"发表了主题演讲并进行了深入的探讨。近年来，广东省各地在推进农村普惠金融工作中进行了大胆借鉴、探索和尝试，在信用体系建设、农村产权抵押贷款、农村金融服务体系建设和涉农贷款等方面取得了很大的效果，积累了成功的经验。

总体而言，在省市政府的鼓励以及有关政策的大力扶持下，当前普惠金融在广东省的服务规模正在不断扩大之中，其金融发展水平也在不断提升。广东全省各地市普惠金融发展稳步且快速，金融覆盖深度广度日益增强，小微企业与"三农"的弱势群体金融需求满足程度日渐提高。然而，在广东省农村地区，金融机构营业网点和金融从业人员数量相对较少，特别是在粤东、粤西和粤北地区，金融营业机构和金融从业人员人数的增加率还有待提高。与此同时，互联网大数据时代的到来，为降低金融门槛，满足更多客户需求，推进普惠金融进一步普及产生了举足轻重的意义。

案例2.1 广州打造"全国性"民间金融街

广州民间金融街是广东省、广州市金融业发展的重点工程，是广州区域金融中心建设的重要抓手。民间金融街的建成促进了广州市中小金融机构的发展，为小额贷款公司、担保企业以及典当行业的发展提供基地。金融街的首期建设开始于 2012 年，经过八年多的建设发展，广州民间金融街已由最开始的资金借贷、财富管理为主要模式的小额贷款公司聚集区发展成涵盖小额贷款、再融资贷款、融资担保、典当、互联网金融、融资租赁、文化产业、商务服务等于一体的适合商业以及适合居住的综合体，多元化的企业主体，多层次的服务体系以及多样化经营模式的民间金融生态圈日益走向成熟，规模效应日益凸显。

截至 2018 年 12 月底，金融街园区内入驻机构达到 616 家，其中主导产业 297 家，集聚资本累计超 500 亿元，已累计为超过 100 万户中小微企业、中低收入者和"三农"提供 200 多种特色化的数字普惠金融产品和超 5 000 亿元融资，大力提高普惠金融的覆盖面，打通小微企业融资难的"最后一公里"。2018 年园区年纳税额超 1 000 万元的小贷公司达 15 家，是 2017 年的 3 倍，企业培育成效显著。随着机构集聚的扩张和产业布局的完善，广州民间金融街园区进入扩容提质阶段。

案例 2.2 "信用户"走上脱贫路

在人行梅州中支的推动下，梅县客家村镇银行与安流镇人民政府签订了精准扶贫专项贷款合作协议，通过农户信用信息系统的数据分析功能，结合实地走访，摸底排查了一批"信用户＋贫困户"双组合扶贫对象。

全大姐就是其中一位。50 多岁的她中年丧偶，上有年迈父母，下有 6 个年幼儿女，是家里的唯一劳动力，唯一的经济来源是微薄的养猪收入。由于没有实物抵押，扩大养猪的计划迟迟不能兑现。然而，全大姐的好人品却是邻里公认的，她在农户信用信息系统中的评级达到 A 级，符合信用扶贫对象标准。因此，梅县客家村镇银行将她作为该村第一个信用扶贫对象，向其发放了 3 年期的小额信用贷款 5 万元，用于购买养猪饲料、扩大养殖规模。

"有了资金支持，我有信心 3 年内脱贫！"全大姐对未来信心满满。虽是小额资金，但对她而言，却是走向脱贫之路的启动资金。自贷款以来，全大姐每月按期按息还贷，为下一笔资金打下良好的信用基础。村里的其他贫困户看到全大姐的"脱贫秘籍"后，深刻领会到什么是"信用能致富"，不仅自觉提高自身信用，还主动向银行提交养殖计划，真正实现"要我脱贫"到"我要脱贫"的转变。不到一年时间，梅县客家村镇银行根据贫困户的信用等级，累计向文蔡村 6 户贫困户发放了小额信用贷款 21 万元。

案例 2.3 "信用村"提升扶贫精准度

除梅州外，河源等地也因地制宜，以建设信用村为抓手，以当地扶贫特色产业为切入点，积极引导金融机构应用信用信息支持贫困户获得资金，实现金融支持带动贫困户增收脱贫。

为深入实施信用扶贫"三个一百"工程，人行河源中支联合河源市扶贫办、发改局、金融局等部门，在全市五县两区各选取 1 个以上省定贫困村为试点，综合发挥农村信用体系建设、助农取款服务站、扶贫小额信贷等平台作用，打造市金融精准扶贫特色示范村，以点带面推动全市金融精准扶贫工作。在信用扶贫建设各个环节中，运用精细化管理，切实提升扶贫精准度。在识别环节，通过信息采集、比对、评价来识别有真实融资需求的贫困户，支持金融机构分类扶贫，降低精准识别误差率；在帮扶环节，引导金融机构运用信用信息精准支持贫困户和扶贫特色产业；在信用风险防范环节，推动河源市政府统筹安排 1.4 亿元作为扶贫小额贷款风险担保金，按 1∶10 比例扩大资金规模，并对购买小额信贷保证保险的贫困户给予 80% 的保费补贴，有效降低了贷款贫困户的费用开支，同时增强了信贷资金安全。

截至 2017 年 11 月末，河源市共建成市县两级综合征信中心 8 个，覆盖全市所有县区；推动全市 255 个贫困村转变为信用村，实现 100% 转化；全市共完成并录入农户信用信息系统户数 38.4 万户，其中，100% 覆盖全市建档立卡所有贫困户；全市金融机构共登陆农户信用信息系统查询农户信用情况 4 751 笔，发放农户贷款 2 566 笔，金额 29 371 万元，其中，对建档立卡贫困户发放金融精准扶贫贷款 3 351 万元；全市 5 个贫困县共发放扶贫小额信贷 330 笔，涉及金额 1 420.5 万元，惠及贫困户 300 多户。

2.2 广东普惠金融发展现状

2.2.1 普惠金融的供给

普惠金融的供给主体，即提供普惠金融供给服务的机构或组织，主要分为正规金融机构、民间金融机构两部分。从整体情况看，民间金融与区域差异以及民营经济的发达程度有直接的关系。在广东省这种经济较发达地区，人们对资金的需求水平较高且比较普遍，民间金融的形式更趋组织化、规模化，向合会和钱庄这种更具有现代金融特点的形式发展。广东普惠金融的供给情况主要呈现如下几个特点：

（1）服务规模扩大

普惠金融覆盖面逐渐扩大。自 2014 年实践普惠金融以来，广东省金融机构存贷款数额呈现较为快速的稳步上升趋势，金融服务规模显著扩大。截至 2019 年 9 月末，银行业金融机构已实现广东省内村级行政区全覆盖，金融服务空白区域为 0。大型国有银行在农村区域的金融服务覆盖面更广。比如，工行广东省分行的县域覆盖率达 98.5%。小微企业金融服务也实现了增量、扩面、降成本、控风险平衡发展。截至 2019 年 9 月末，广东省内的小微企业贷款同比增长 11.2%，9 月新发放贷款利率较上年末下降 0.048 个百分点，实现"量增价减"。

此外，普惠型小微企业贷款规模不断扩大。截至 2019 年一季度末，广东银保监局辖内银行业金融机构小微企业贷款余额 2.12 万亿元，占各项贷款超过五分之一。其中，普惠型小微企业贷款，即单户授信总额 1 000 万元及以下小微企业贷款，余额为 6 815 亿元，较年初增长 10.25%。大型银行分行普惠型小微企业贷款余额较年初增长 17.97%，高于各项贷款平均增速超过 10 个百分点，一季度发放的普惠贷款利率较上年平均水平下降 24～64 个 BP，充分发挥了"头雁"作用。

2014—2020 年期间，广东省金融服务规模基本保持持续增长的态势，金融规模扩大的同时为广大市场经济主体提供了大量金融服务。但与此同时，广东省中资金融机构网点和从业人员增速则较为缓慢，而普惠金融发展重点的粤北山区、西翼等欠发达地区金融服务机构和从业人员增幅也并未显现出明显优势。因此，在珠三角地区金融资源相对充裕情况下，未来继续在粤东西北地区开展加大铺设金融服务网点，扩张融资规模，优化金融服务网络布局，提高金融效率，创新金融服务模式，才是广东省快速提高普惠金融发展水平的途径。

（2）服务效率提升

普惠金融服务的效率显著提高。2019 年末，广东民营企业贷款余额 4.56 万亿元（不含票据融资），同比增长 17.2%，增速比上年末高 5.8 个百分点，比企业贷款增速高 3.1 个百分点，占企业贷款余额的 55.1%，比上年末提高 1.4 个百分点。普惠小微贷款余额 1.50 万亿元，增速高达 34.4%，其中小微企业小额信用贷款大幅增加，对抵押物依赖程度明显下降。单户授信 500 万元以下小微企业新增贷款中，信用贷款占 39.4%，同比提高 13.2 个百分点，抵

（质）押贷款占 37.7%，同比下降 21.6 个百分点。2019 年 12 月，广东省商业银行（不含深圳）新发放贷款加权平均利率为 5.34%，比年初下降 0.44 个百分点；其中小微企业贷款加权平均利率为 5.43%，比年初下降 0.54 个百分点。此外，2019 年，粤东、西、北地区贷款余额分别为 4 281.13 亿元、5 246.13 亿元、6 540.68 亿元，同比分别增长 9.8%、17.4% 和 17%。

金融资源在企业和行业的配置效率得以提升，逐渐改变金融资源在发达地区农村和欠发达地区、国有企业和民营企业的配置问题，商业银行信贷结构优化推进普惠金融业继续保持健康快速发展。从普惠金融薄弱环节——农村金融服务效率来看，在普惠金融引导下，农村金融服务效率也在提升。在广东，全省 64 家需改制农信社顺利完成改制任务。改制后的农商行不良贷款率较改制前下降超 8 个百分点，法人治理结构和资产质量明显改善，成为金融扶贫和支农主力军。截至 2020 年 5 月末，广东省农合金融机构涉农贷款余额 4 862 亿元，同比增长 11.51%。其中，精准扶贫贷款余额 18.35 亿元，比年初增加 1.72 亿元；扶贫小额信贷余额 7.08 亿元，余额和户数继续稳居全省银行业首位。农村金融机构推动普惠金融发展和支农支小力度不断加大。

（3）服务能力加强

金融机构普惠金融服务能力逐步加强。中大型银行设立聚焦服务小微企业、"三农"、脱贫攻坚及大众创业、万众创新的普惠金融事业部，建立专门的综合服务、统计核算、风险管理、资源配置、考核评价机制。带动地方法人金融机构和新型金融业态进一步明确定位，回归本源，向县域和基层聚拢。发挥保险公司保障优势，农业保险快速发展，发病保险全面实施，贫困人口商业补充医疗保险积极推进。

消费金融业务持续推进，市场规模不断增加。消费金融主要有三个方面的特点：一是产品种类丰富。各银行类金融机构均有自己独立运营的个人消费贷款产品，如工商银行的融 e 贷、中国银行的中 E 贷等，其消费贷款覆盖多种场景，贷款用途涵盖装修、购车、留学、助学等多个领域；部分产品针对性强，特色鲜明，如广汇汇理结合消费者购车、用车生命周期需求，积极开发诸如"全享贷"、"延保颂"等创新增值产品。二是贷款申请通过率较高。据《广东省消费金融产品发展情况调研报告》统计，银行类金融机构总体消费贷款申请通过率超 50%，其中由于线上贷款风险较大，风险策略较严，线下消费贷款申请通过率普遍低于线下消费贷款申请通过率。三是无抵押贷款占比较大。部分机构表示其无抵押消费贷款占所有消费贷款的比例超过 50%，极大地便利了消费贷款业务。

服务重心逐渐下沉。在农村地区，一直存在金融网点少、服务辐射面窄的问题。在这种情况下，乡村金融服务站在广东省一些农村应运而生，"一站式"金融服务成为村民家门口的"便利店"。根据广东省金融办的调查数据统计，广大农民所急需的，主要还是取款、代缴等基础金融服务。乡村金融服务站是以村委会为依托，以村干部、大学生村官、农村经济能人为工作人员，通过金融网点不扩张，金融服务功能下沉的方式，为农户提供小额取现、小额农户贷款、"三农"保险推广、金融消费权益保护等"一站式"金融服务。在广东省河源市，约80%的村已完成农村金融服务站的建设；梅州市依托这样的乡村金融服务站，与邮储银行合作开展了"贷款村村通"农村金融服务活动；中山市依托109家村居金融服务站发放涉农贷款。

此外，根据南都金融研究所（NDFRI）的调研数据，超九成的商业银行成立普惠金融事业部或专职开展普惠金融业务的部门及中心。不仅如此，部分银行还建立了完善的普惠金融组织架构体系，如农行广东省分行建立健全了"一部八中心"的普惠金融事业部组织架构，全辖22个二级分行均设立了普惠金融事业部。

在落实授信尽职免责制度方面，兴业银行广州分行修订了小企业信用业务相关尽职免责条例，依照条例对相关人员免除经济处罚及给予风险项目处置保护期；平安银行广州分行在信贷业务中，按政策要求履行了相关职责均按规定给予免责。

在内部考核激励方面，华夏银行广州分行强化正向激励与负向否决的力度并对分行行长及班子成员实施"两增"贷款任务专项评价；交通银行广东省分行更是在2020年将"普惠金融"纳入分支行经营绩效主体考核指标；浦发银行则对普惠金融业务进行大幅的倾斜，对小微业务投放按照普通业务的3倍予以奖励。

案例2.4 金融"活水"助力徐闻菠萝飘香

2020年以来，菠萝之乡湛江徐闻的菠萝地里一片火热，采购商纷至沓来，菠萝供不应求。然而，在2020年，这样的场景并不多见。

"去年菠萝收成好，但价格一般，且因疫情防控措施严格，本地及周边菠萝加工企业多数处于停产状态。接下来的承包土地、购买肥料等都还要花上不少钱，再种植就成了难题。"曲界镇果农蔡伯回忆称，当时对继续种植菠萝很担忧，"好在有国家的好政策，当地政府部门及银行机构积极发动身边亲友在宣传'卖货'，并提前帮我们联系农民专业合作社，多渠道拓宽了菠萝销售渠道。总体看，菠萝销售行情不错，是我种植以来见到的最高价格了。"如今谈到菠萝，蔡伯笑得合不拢嘴。

自疫情发生以来，人民银行湛江市中支深入指导徐闻金融机构，积极为从事菠萝产业的企业和种植户搭建融资对接平台，牵头举办了"金融助企政策直达"银企对接会（徐闻专场）活动，为徐闻小微企业提供融资服务。2020年以来，徐闻金融机构为广大菠萝种植户提供贷款、销售等现场集中金融服务超过156场次，服务农户3 555户。

案例2.5 下沉服务范围，逐步实现"户户有服务"

河源市农商行在网点增设政务便民服务功能，推进"政务＋金融"服务一体化模式。同时，启动"金融顾问"派驻工作，全力服务县域经济。

河源农商行在营业网点投入智慧柜台、建设自助终端政务服务专区和设置"政务通"窗口实现政务数据互通互连，已成功对接税务、人社、公安、卫健、自然资源、海关、残联、司法、民政等部门72项政务业务，实现政务业务在网点自助办、网上办、网点代办的模式。

连平农商行向当地企业派驻精干力量担任金融顾问，金融顾问对接到工商联企业特殊需求后，召集行业信贷员组成的产品开发小组研究开发特色产品，针对企业、行业特点推出特色信贷产品，助力小微企业和地方经济高质量发展。

2.2.2 普惠金融的需求

普惠金融的需求主体是指直接从事生产、交换、分配、消费活动的独立经济主体，具有经济人的特征。

普惠金融的需求大致可以分为：资金融出需求、资金融入需求和其他金融中介服务。其中，资金融出需求主要包括存款需求和投资需求，资金融入需求主要指贷款需求，投资需求主要是购买国债、股票等金融投资的需求。普惠金融的存款需求主要出于三个目的：保障资金的安全性；保持资金的灵活性，存取自由，满足长期性或突发性资金使用需求；取得资金的营利性，获取一定的利息收入。普惠金融的存款动机分为两种：一种是谨慎存款，在某种意义上，这种存款可视为保险代替，主要目的是保障应付天灾人祸、事故、疾病等应急之需，实际上是自动保险，是目前中小企业应对风险能力低下、相关保险服务严重欠缺、农民和低收入群体社会保障不足的反映；另一种是积累存款，一般具有明确的指向和目的，如扩大生产、固定资产更新换代、农民建房、婚丧嫁娶、穷人购置耐用消费品、子女教育等，由于这些短期开支远远大于收入支付能力，必须进行长期存款积累，才能应付高额开支。广东普惠金融的需求情况主要呈现如下几个特点：

（1）区域需求特征明显

与珠三角地区不同，粤东西北地区属于广东省较不发达地区，农村人口相对较多，而珠三角地区属于发达地区，因此两个地区在不同层次的金融需求上表现出不一样的特征，区域间普惠金融发展差距较大（梁伟森和程昆，2021）。珠三角地区更能满足小微企业的需求，粤东西北地区则是以农户贷款为主。整体来看，广东省各地的普惠金融理念还存在一定的差距，需要继续落实小微企业和"三农"贷款的相关税收扶持政策，推动落实支持农民合作社和小微企业发展的各项税收优惠政策，从而构建能够满足多层次金融需求、功能完善、竞争适度、可持续发展的普惠金融体系。

（2）普惠金融目标群体意愿仍然有限

虽然各级政府、管理部门和金融机构对普惠金融发展高度重视，不断加大金融普惠措施的制定和实施力度，但普惠金融主要的惠及目标群体——小弱散农户及小微企业等特殊群体主动使用金融手段的意愿仍然有限。除基本储蓄业务外，普通民众对其他金融服务缺乏了解，对新业务不熟悉、接触少，对程序过繁、过多的金融服务业务存在畏难甚至拒斥心理。民众金融风险意识普遍缺乏，盲目轻信、跟风从众等非理性行为较为突出。由于个体在面向复杂的金融市场时面临明显的信息不对称问题，在缺乏有效监管制度和金融消费者保护制度的情况下，普通民众容易被诱导或误导而采取不理性的金融行为，进而会导致与自身承受能力不相称的重大损失。

（3）金融服务需求日益呈现出多样化、多元化、多层次的特点

虽然广东农商行、邮政储蓄银行、人民银行广东分行等金融机构已经向农户发放小额信用贷款和农户联保贷款等，但发放金额仅能满足农户和小微企业的日常生产生活需要。由于农民和小微企业缺乏必要的担保抵押品，加之发放贷款的机构较少，贷款利率又高，导致农户很难获得大额度贷款。农村居民对银行所提供相关服务的接受与认知能力较差，高昂的支付结算成本使得欠发达地区居民和小微企业进行支付结算的机会大大减少，用卡环境并不理想。因此，农民对银行就形成了一种交易成本高、服务效率低下、贷款额度低的印象，主观上不愿向银行借款，也不愿将自己的资金来源及资产负债情况公开。

2.2.3 普惠金融的创新发展

（1）发展互联网平台

互联网金融的发展对普惠金融具有良好的促进效果。随着技术的发展，互联网金融在近些年来十分火热，逐渐进入了人们的生活。互联网金融得到了国家和政府的大力支持，也是金融服务转型升级的方向之一，这些都为推进普惠金融的发展提供了方向。互联网支付、互联网融资以及互联网金融销售均展现出极强的生命力和渗透力，通过对各种与客户的交互行为所构成的大数据进行分析，金融部门可以迅速了解客户的信用状况、行为特征和金融需求，有助于推进各地区的普惠金融的发展。这主要表现在网上支付用户与移动支付用户的数量上。

广东互联网普及性增强，应用范围扩大。近年来，伴随着互联网技术的快速发展，互联网的普及性越来越强，应用范围也越来越广。根据统计数据显示，2017年，广东省移动电话用户数合计14 796.2万户，占全国移动电话用户数的10.4%，居全国第一；广东省移动互联网用户数达1.17亿户，同比增长18.8%，用户数量排名全国第一。其中，广州、深圳、东莞地区用户占多数，分别为19.01%、18.55%、11.32%。在广东省各区域网民分布情况中，珠三角地区网民数量最多，占比76.59%；粤东、粤北、粤西地区网民数量占全省网民数量的比例分别为8.86%、7.54%和7.01%。

可见，广东省紧跟时代，迎合群众需求，为广大群众提供更加便利的金融服务，积极推广互联网金融的发展。然而珠三角地区和粤东西北地区发展不均，相比于珠三角地区，在金融服务的使用和创新上，粤东西北地区依然存在差距，为此，粤东西北地区还需进一步推动信息产业的发展，继续延伸互联网的服务范围，借助互联网技术，不断对金融服务进行发展和创新。

（2）创新金融机构产品服务

在普惠金融快速发展背景下，广东省传统农村金融机构——农村商业银行、农村合作银行、农村信用社等加快金融服务创新步伐，其普惠金融服务与产品创新层出不穷，如开展"政银保"新型农业贷款模式、农信社"村财通"打通农村金融服务"最后一公里"、推进农村社区金融服务站建设等，通过金融服务渠道和组织创新，传统的农村金融机构正成为践行普惠金融的主力军。另外，广东省农村地区已涌现出多家村镇银行、贷款公司和农村资金互助社专门从事贷款业务和现代农业投资的私募股权投资基金服务。新型农村金融组织也正成为普惠金融发展的有益补充。除传统金融产品及服务外，广东省移动金融、互联网金融产品更是呈爆炸式增长，为广大低收入群体提供了便捷和性价比高的金融服务，大大提升了金融服务的接触性和可得性。

除此之外，中国人民银行广州分行牵头搭建广东省中小微企业信用信息和融资对接平台（简称"粤信融"），形成了一个平台、两级覆盖、多功能融合的"广东模式"。截至2019年末，"粤信融"累计撮合银企融资对接6.02万笔、金额1.1万亿元。其中，2019年新增2.6万笔、金额2 494.4亿元，分别同比增长78.1％、30.6％。中国人民银行广州分行持续推动中征应收账款融资服务平台在广东省应用。强化政策支持，做实银企和系统对接，推广线上政府采购融资业务发展，推动供应链核心企业积极在线确认账款，帮助上游供应商融资。截至2019年末，广东省共有95条规模供应链加入平台，促成融资175亿元。2019年，广东省平台注册用户数1 638家，达成融资387亿元。

案例2.6 创新产品，有序推进"产业（行业）户户通"

河源市法人农商行围绕"一村一品、一镇一业"特色经济，积极开发普惠金融专属特色产品满足各类经济主体综合资金需求。同时，以各行业协会、产业协会、农村合作社为突破口，与优质行业客户开展业务合作，结合行业客户需求配套相应金融产品，推动"产业（行业）户户通"。

连平农商行制定《一村一品特色贷款业务管理办法》，针对连平鹰嘴桃特色产业链推出"桃农贷"、"金桃贷"等贷款产品，满足桃农和鹰嘴桃产业链相关企业、农村合作社、桃农协会会员等主体的资金需求。

河源农商行与河源市农业产业化龙头企业协会推进"电商户户通"，并为其运营平台万绿河源配套信贷、结算、支付等一系列金融产品服务。走访近1 100户平台商户，成功拓展手机银行用户1 394户，悦农e付收银台用户104户，吸收存款及沉淀资金达4 000万元。同时，配套专属信贷产品"农旅贷"，成功发放贷款9笔，金额2 089万元。

（3）打造普惠性科技金融业务模式

广东作为我国首批科技和金融结合试点地区之一，在科技金融的创新实践上一直走在全国前列，先后进行了诸多有益的理论探索与实践创新，初步建立了"一个专项、两个平台、四个体系，多方联动"的科技金融发展格局，并在全国率先开展了普惠性科技金融的创新探索，先后出台了《关于发展普惠性科技金融的若干意见》和《关于开展普惠性科技金融试点工作的通知》，积极构建风险补偿机制、强化科技信贷受益面、开发普惠性科技金融产品、创新财政投入方式与力度、引导创业投资向前段发展、建设专业化政策性金融服务平台与服务生态等，有力提升了科技金融的普惠面、渗透率和效率等，进一步促进科技金融产业深度融合。

广东依托多维度财政补助机制建立了一系列普惠性财政投入政策，开展"银政企"合作模式，重点依托广州、深圳、东莞、佛山等地市具体开展实施，充分发挥政策性金融在普惠性科技金融的主导作用，引导市场金融主体积极参与，建立了企业研发经费财政补助机制，为普惠性科技金融顺利推进夯实资本基础。一是全面打造金融主体补贴模式。通过给予各市场金融主体、科技型企业的科技天使投资补贴、科技型中小企业科技信贷贴息、创新创业补贴、各类型科技创新券、上市挂牌补贴、科技保险保费补贴等各种专项补贴，推动资本市场活性和企业科技创新，如广东省科技厅对省内创业投资企业投向省内的初创科技型企业，依据设立时间分别给予实际投资额 4%～10% 的补助。二是布局科技金融服务网络与服务机构建设。广东省市联动财政支持建立了遍布全省19 个地市的科技金融综合服务中心网络，引导推动建设银行、中国银行等机构携手在全省建立了 110 多家科技特色支行（科技信贷专营机构）等。

2015 年，广东省财政设立了 3 年计划投入总额高达 75 亿元的研发补助专项资金，每家企业可按照研发经费总额的 5%～10% 最高获得 500 万元的研发补助，激励科技型企业普遍建立研发准备金制度，极具普惠性和引导性。2017 年初，广东省首先在广州、珠海、汕头、佛山、东莞、湛江和清远 7 个地市开展普惠性科技金融试点，11 个月来，累计惠及小微企业 1 864 户，累计投放金额 22.8 亿元。全省 21 个地市均通过财政设立风险补偿金池或贷款贴息等方式，鼓励银行扩大科技信贷，全省资金池规模超过 60 亿元。截至 6 月底，银行向高新技术企业贷款余额达 3 258.88 亿元。广州市设立了全国规模最大的科技型中小企业信贷风险补偿资金池。首期投入资金 4 亿元，直接带动银行增加科技信用贷款 40 亿元以上。已对超过 900 家企业出具贷款确认书，授信金额达 88.9 亿元。

科技金融服务平台建设取得重要进展。广东建立了 31 个科技金融综合服务中心，形成了区域化和个性化的科技金融服务模式。"广佛莞"地区和深圳首批国家促进科技和金融结合试点成绩突出。目前珠三角地区创业投资基金规模达 3 000 亿元，上市企业达 1 500 多家。整合设立财政出资 71 亿元的广东省创新创业基金，加快引导社会资本投向科技型企业。

2.2.4　普惠金融的风险防范

（1）普惠金融信贷风险较高

普惠金融信贷风险主要表现为五类。一是信用风险。普惠金融客户普遍长期缺乏创业或生产资金，大多没有合格抵质押品，加之目前征信体系不够健全，有的违约行为未纳入征信报告，失信惩罚机制不够完善，失信成本较低，容易产生信用风险。二是市场风险。市场环境变化使许多普惠金融客户经营压力加大，人工和原材料成本高企，市场需求不足，利润空间被挤压，部分客户经营困难，甚至难以为继，导致违约风险上升。三是操作风险。许多普惠金融信贷产品设计更多关注满足客户需要和提高客户体验，往往无法充分和精准的识别判断潜在风险，投入市场后可能会暴露风险。四是道德风险。在资金紧张、经营出现危机的情况下，部分客户可能铤而走险，利用与银行的信息不对称，通过造假和欺诈，提供虚假财务信息、交易背景和项目材料获取贷款，或利用关联企业、关系人挪用信贷资金。此外，受强烈的业绩驱动、利益驱动，存在个别银行信贷从业人员由此引发道德风险，降低信贷门槛，甚至与客户内外勾结套取银行贷款。

（2）风险防范力度加大

目前，金融机构在开展普惠金融业务的同时，采用传统手段与新兴科技并举的方式，加强风险控制。总体来说，防范策略主要有以下三类：

一是提高风险识别和控制能力，依靠科技手段加强对各种信息系统和数据模型分析，提升业务风险识别、拦截和管控能力，做到识别精准、预警及时、处置有力。二是加强重点领域防治，加强客户信息管理，规范各渠道客户信息使用，严防客户信息泄露风险，提升个人客户信息安全防护能力。三是全面强化资产管理，加强从严治贷，引入法院执行信息、行内客户黑名单制度等多头数据强化贷前真实性管理，切实防范虚假骗贷行为，同时做好贷后管控，如加大非现场检测和现场检查力度，规范贷款用途管理，同时结合客户流水、转账信息识别客户贷款用途合规性，对贷款用途不合规的客户进行预警、暂停额度等操作。此外，还可借助金融科技研发贷后智能催收管理系统，打造以数据为核心驱动的智能催收，力争实现精准客群分层，保证回收成效，控制催收成本。

同时，引导各方资金进入普惠金融也能有效实现风险分担。此前出台的《融资担保公司监督管理条例》明确由国家推动建立政府性融资担保体系，建立政府、银行业金融机构、融资担保公司合作机制，扩大为小微企业、"三农"提供融资担保业务的规模并提供较低的费率。2018年，国家融资担保基金正式成立，采取股权投资的形式支持各省区市开展融资担保业务，引导和带动各方资金扶持小微企业和"三农"。

案例2.7 信用建设赋能精准扶贫

"贷款难"一直是农村经济发展中的难题。要解决农户的资金需求问题，信用建设就成了必要基础。2017年以来，人民银行广州分行创造性地提出信用扶贫"三个一百"工程建设目标（省农户信用信息系统在贫困相对集中县域覆盖率100%、贫困人口建档立卡信息与省农户系统信息比对率100%、对有劳动能力的贫困人口评分率100%），紧紧抓住精准识别、精准帮扶、精准管理这条主线，让每一个符合条件的贫困人口都能便捷享受到现代化金融服务。

要让资金精准抵达贫困户手中，必须找准抓手。为此，人行广州分行鼓励金融机构结合当地"一村一品、一镇一业"特色产业建设，积极创新"银行＋公司（合作社）＋贫困户"、"银行＋扶贫再贷款＋企业＋贫困户"、"银行＋企业＋基地＋贫困户"等融资模式，坚持对已完成信用评定、符合贷款条件的建档立卡贫困户的有效贷款需求"应贷尽贷"，着力扩大扶贫小额信贷覆盖面。

案例2.8 银政合力，试点村实现"户户有信用"

在河源分局推动下，河源银保监分局辖区6家法人农商行选择7个经济条件相对较好、诚信度较高、有一定客户基础的区域作为试点村，联合村委会采取走家串户的方式，精准开展信用村评定、农户信息采集，实现"户户有信用"。

东源农商行选定顺天镇沙溪村作为试点村，完成226户、293人次的信息采集工作，并对226户农户进行信用评分，筛选出650分以上的信用户作为首批授信客户，共53户。

河源农商行联动源城区政府召开"普惠金融户户通"动员大会，以政府推广为依托，选定埔前镇陂角村、坪围村作为试点村，从村委批量获取农户信息，累计建档信息 1 632 户 6 326 条，入户走访核实有效农户 856 户并开展信用评级，共为 791 户信用户授信合计约 5 300 万元。

2.3 农村普惠金融

2.3.1 农村地区融资难的现实原因

（1）普惠金融发展不平衡，阻碍区域经济协调发展

广东省的普惠金融发展不平衡现象较为严重，珠三角地区与粤东西北的普惠金融发展水平差距较大。2015—2018 年间，四个区域中珠三角普惠金融发展水平最高，粤东次之，粤西、粤北最低。同时，珠三角地区以第二及第三产业为主，金融发展水平也明显比粤东西北地区发达。据《广东省统计年鉴》数据表明，2019 年珠三角地区二三产业产值占地区生产总值的比重达 77.16%，而粤东西北地区仅占 18.5%，同时，珠三角地区金融机构本外币存贷款余额为 151 816.93 亿元，比粤东西部和山区高出约 135 639 亿元。因此，广东省不同地区间普惠金融发展水平不平衡，是广东省区域经济无法协调发展的主要内因。

（2）农村金融风险防范机制欠缺，农业经营主体担保能力不足

农村金融风险防范机制欠缺和农业经济主体担保能力不足是阻碍广东省乡村普惠金融发展的重要原因。一方面，农业生产周期性长、季节性强，更易受到自然灾害、政策及宏观经济形势的冲击，农业生产时刻面临着生产与市场风险，大部分金融机构不愿将资金投放到农业生产领域，农村金融风险防范机制的缺乏阻碍了农村金融服务体系健康发展的步伐。另一方面，农业经营主体担保能力不足同样为长期困扰农户"贷款难"的主要原因之一。由于农户可担保抵押品较为分散、价值较低，比如农业生产用具、牲畜、农村的房屋和农村土地经营权等，这些资产所有权及农民自身特有的信用价值都难以计量和评估。

（3）涉农贷款数额增长较快，贷款规模严重偏低

涉农贷款额是衡量农户贷款需求的重要标准，也是评判普惠金融发展水平的综合指标之一。2014—2019 年间，广东涉农贷款余额不断扩大。截至 2019 年 6 月末，广东省主要银行机构（包括 6 家国有大型银行机构和全部农合机构）涉农贷款余额 9 290.03 亿元，较年初增长 7.82%；县域新增贷款

1 694.54 亿元，其中涉农新增贷款 818.46 亿元，县域新增贷款大部分用于支持乡村振兴；普惠型涉农贷款余额 1 474.65 亿元，其中，农户贷款余额 985.74 亿元，授信农户数达 119.44 万户，较年初增长 30.61%，涉农群体的信贷获得率逐步提高。但从全国层面来看，浙江、江苏和山东涉农贷款余额绝对量最高，成为全国涉农贷款余额最高的第一梯队；第二梯队是河南、四川、河北、安徽、福建、江西和广东。2019 年，浙江的涉农贷款余额是广东的 3 倍。可见，与长三角地区相比，广东涉农贷款规模严重偏低。

2.3.2　农村普惠金融发展现状

（1）银行业保险业农村基础金融服务网络逐渐深入

银行是普惠金融的主力军，通过聚焦广东地区商业银行的农村普惠金融业务，既能管窥区域普惠金融的一抹缩影，又能以点带面深挖普惠金融进化之道。截至 2019 年 6 月末，广东 1 248 个乡镇实现银行网点、保险服务全覆盖，20 365 个行政村实现基础金融服务全覆盖，形成了银行保险服务双覆盖、点线面结合、多种服务方式并存、纵深不断拓展的农村基础金融服务网络。广东省（不含深圳，下同）6 个大型银行分行、14 个股份制银行分行、4 家城商行和 3 家农商行总行设立了普惠金融（"三农"金融）事业部，围绕服务乡村振兴和助力脱贫攻坚形成专业化的金融服务供给机制。广东已改制完成 64 家农村商业银行，实现地级市全覆盖；已组建 51 家村镇银行，其中分布在经济相对欠发达的粤东西北地区有 23 家，占比达 45.1%，广东基本形成了支农支小主力军组织体系，"三农"金融组织架构基本形成。

近年来，广东银行业深入挖掘乡村地区金融潜能，攻坚克难大力发展农村普惠金融，打通乡村金融服务"最后一公里"，打造出广东特色金融支持乡村振兴新路子。

广东南粤银行金融服务走入田间地头，让乡亲不用远行便可享受助农取款、现金汇款、转账汇款、余额查询、生活缴费以及金融知识普及咨询等服务。自 2019 年 8 月在湛江地区开展试点起，该行的普惠金融支付服务点已覆盖到湛江东海经济技术开发区、廉江市、雷州市、坡头区、麻章区、遂溪、徐闻县等金融服务机构较少的乡镇偏远地区，并在江门、揭阳、惠州、云浮等地区陆续铺开，目前已累计开设 123 家，服务辐射人群超 25 万，累计开展助农业务交易笔数近 20 000 笔，交易金额近 3 000 万元。2020 年，以数字化转型战略引领，南粤银行还自主研发上线了助农智能终端、惠农管理系统等科技应用，赋能惠农项目发展。针对服务"三农"市场，面向广大农村客户的一系列创新金融产品上线，切实助力惠民工程。以服务点为契机深入农村开展金融知识宣传及普及的阵地，全年，开展守住钱袋子、防范非法集资、存款保险、防电信诈骗等金融知识宣传活动接近 240 场，参与人数超 25 000 人。并积极配合湛江等各地人民银行在农村地区开展的助力复工复产、消费券大放送主题活动，共计开展活动 18 场，参与人数达 2 000 人。

中国邮政储蓄银行广东省分行在服务"三农"、开发农村市场的发展战略上找准切入点，确定了"小贷领航"的策略，以"小额贷款和小（微）企业贷款"为龙头，以基础金融服务体系和城乡结算网络建设为两翼，走出了一条"大银行聚焦小贷款"的特色发展道路。一是在省内广铺网络，稳步推进"信贷县县通、村村通"工作。从 2009 年开始，在推进"信贷县县通"工作中，逐步把小额贷款服务网点迅速延伸到各个行政县，各地也开展了"信贷下乡行"、"信贷进市场"等活动，一些地市分行与当地政府联合开展"信贷村村通"活动，取得了较好效果。在此基础上，联合地方村镇政府开展"信用村"建设，充分利用各地的"村官"、行业协会、邮递员群体，发展信贷信息员队伍，把信贷受理体系延伸到乡村和各类市场。二是适应市场需求，不断开发特色产品。从成立之日起就与团省委合作开展"青年创业贷款"工程，同时注重围绕地方经济发展需要做好信贷服务，如在肇庆等山区开发林权抵押贷款，在茂名等沿海地区试点渔船抵押贷款，在珠三角开展商铺经营权质押贷款，在云浮设立石材金融服务中心等。此外，为支持地方政府"扶贫双到"工作，部分地市分行还通过政府贴息贷款、就业创业贷款以及公务员担保、贫困户贷款等形式，不断扩大扶贫支持力度。三是优化流程，提高放款速度。"放款快"是"三农"和小企业贷款需求的最大特征，省分行着力优化信贷流程，将小额贷款审批权限下放，信贷员主动上门服务，提高放款速度；同时试行了小额信贷准事业部制，成立小企业贷款专营机构，取得了良好的效果。小额信贷 3 天放款、小企业贷款 20 天放款，较好地满足了贷款客户的需求。

广东农信社作为省内支持"三农"的金融机构，普惠工作新步伐不停。一是扎实推进普惠金融建设。2019 年，制定《广东省农商行（农信社）三农、小微、普惠型贷款专营中心工作指引（2019 年版）》，指导和支持辖内农商行（农信社）设立"三农"、小微或普惠等专营机构，提升专业服务能力。截至 2019 年末，辖内有 24 家机构已设立普惠金融部，57 家机构已设立小微企业专营中心，54 家机构已设立"三农"金融服务中心。各专营中心累计为 40 万个

"三农"、小微客户提供信贷支持，累计投放金额达 3 600 亿元。二是深入落实金融精准扶贫工作。督导全省农商行（农信社）贯彻落实《中共中央　国务院关于打赢脱贫攻坚战三年行动的指导意见》，对辖内贫困户进行全面的走访调查、信用评定、授信工作，充分挖掘贫困户的贷款需求，实现扶贫小额信贷"应贷尽贷"全覆盖目标。截至 2019 年末，全省农信系统精准扶贫贷款余额 29.86 亿元，金融支持贫困户 8.83 万户，其中扶贫小额信贷余额 7.81 亿元，户数 2.73 万户，完成"应贷尽贷"100％全覆盖目标，余额和户数稳居全省银行业首位。三是大力推广农村电子金融服务。截至 2019 年末，全省共有 77 家农商行（农信社）开展助农取款服务，累计设立助农取款点 5 140 个，累计交易笔数 48.38 万笔，交易金额达 1.68 亿元。在农村电商方面，悦农生活·鲜特汇平台累计注册用户 438.7 万户，拓展电商商户 1 879 户，上架优质产品 4 316 个，累计交易金额 3 636.9 万元。在生活服务方面，悦农 e 付·移动缴费平台发展学校、党团、生活、财政等各类缴费商户 4 775 户，1—12 月缴费总额 32.13 亿元，缴费笔数 346.47 万笔；悦农 e 付·收银台拓展商户数 45.49 万户，累计交易金额约为 978.16 亿元，商户结算账户活期存款余额 260.4 亿元。在信贷支持方面，悦农 e 贷授信金额突破百亿元，全年累计授信金额 235.91 亿元，贷款余额 98.08 亿元。四是积极推动电子金融与支付清算业务。大集中农商行（农信社）累计发行各类银行卡 6 359 万张，其中社保卡 1 443.17 万张，银行卡活期存款余额 2 670.62 亿元，卡业务收入 28.35 亿元。累计签约网上银行客户 861.46 万户，手机银行客户 1 326.86 万户，短信银行客户 1 911.32 万户，第三方支付客户 2 439 万户。电子支付交易活跃度方面，手机银行交易笔数达 4 319.59 万笔，同比增长 30.60％；第三方支付交易量达 10.14 亿笔，同比增长 49.35％；悦农 e 付·收银台年交易量 1.44 亿笔，同比增长 25.80％；电子交易替代率为 93.71％，比 2018 年底提高 5.01 个百分点。全年办理支付清算业务 147 708.68 万笔、金额 192 154.04 亿元，同比分别增长 194.3％和 1.86％，全年支付业务实现零故障、零错账。

此外，广东银保监局积极指导银行业保险业对"三农"金融产品服务推陈出新。例如，建设银行广东省分行推广"裕农通"普惠金融服务点，在广东银行网点服务辐射不到的县域乡镇农村、城市郊区等地区，通过"银行＋供销社、银行＋卫生社保、银行＋电商平台、银行＋通信公司"等多种合作模式，利用第三方机构在乡村地区的自有渠道，为周边农村客户提供助农取款、转账汇款、现金汇款等普惠金融业务服务。

（2）农业贷款、保险覆盖面扩大

普惠型农业贷款规模不断扩大。截至 2021 年 4 月末，广东省内水田垦造项目贷款规模超 10 亿元，高标准农田建设项目贷款规模 7 000 万元，同比增长 169%。全省水稻保险承保覆盖率超过 80%，保额由 800 元/亩提高到 1 000 元/亩，保障水平达到全国领先水平。其中，江门银行机构积极对接"海水稻"垦造项目，为农户开垦"海水稻"发放贷款 1.75 亿元，保险机构同步跟进，对种植户提供防灾减损服务，承保累计保额近 300 万元。省内种业贷款余额 18.07 亿元，同比增长 21%。农业银行广东省分行积极对接"粤强种芯"工程，与广东种业集团和广东畜禽种业集团建立合作关系，目前已支持种业企业 162 户，贷款余额 4.71 亿元，同比增长 41.87%。省内农业产业园相关贷款规模近 370 亿元，同比增长了 69%。农业银行广东省分行对全省 161 个省级现代农业产业园进行分类支持，服务客户超 2.3 万户，贷款规模超 140 亿元，同比增长 80%，有效促进产业园内生产、加工、物流、研发、示范、服务等相互融合和全产业链开发。

普惠型保险进一步增量扩面。2019 年一季度，广东省内农业保险金额为 115 亿元，同比增长 74.41%，参保农户 40.30 万人；农业险种达 20 项，覆盖省内主要农作物和养殖业品种，承保农作物面积 7 802 万亩；赔付金额1.93 亿元，同比增长 26.24%，共计 26 万户农户受益。同时，保险机构积极开办政策性水稻制种保险，由各级财政给予保费补贴支持，承保水稻制种 3.1 万亩，基本实现省内水稻制种保险全覆盖，提供风险保障超过 6 000 万元，支付保险赔款 1 700 万元。人保财险在珠海斗门白蕉海鲈现代农业产业园落地首个政策性现代农业产业园保险项目，为 1 200 亩海鲈养殖基地提供了 1.2 亿元风险保障，填补了省内现代农业产业园和休闲农业产业保险保障的空白。

2.4 小微企业普惠金融

2.4.1 小微企业融资难的现实原因

（1）企业层面

从小微企业自身来看，小微企业规模小，存在经营状况不透明、财务信息不规范等，造成小微企业难以获得外源融资（Petersen & Rajan，1994）。Ou and Williams（2009）认为，从小微企业自身来看，融资难是因为企业规模小、有效抵押物匮乏。而国内较多学者认为，融资难在于小微企业自身特殊的内部治理机制、经营管理体制、获得资本性资金的路径较窄缺乏信用记录以及不透明的财务制度等（杨丰来和黄永航，2006；赵亚明和卫红江，2012；王馨，2015）。

一方面，我国当前经济下行压力有所加大、市场预期不稳定和金融风险偏好下降、融资渠道收窄，部分民营企业陷入债务违约信贷融资难度加大的负向循环，企业财务状况恶化与融资环境变化相互强化。另一方面，部分民企治理机制不健全，财务制度不规范，过度融资投资、过度多元化，也导致企业财务杠杆较高，抗风险能力较弱。此外，金融机构过度依赖抵押担保、激励考核机制不完善、尽职免责落实不到位等体制因素也加剧了民企融资难问题。

随着资管新规等严监管政策的出台，融资租赁、小额贷款等非标融资业务和机构发展明显放缓。由于广东省小额贷款公司的相关管理办法未进行修改，在国家资管新规政策发布后，金融交易所取消了小贷公司的融资渠道，使小贷公司只能通过两家银行机构或信托机构开展融资业务，严重制约了小贷公司的发展。由于小贷公司的行业特点，银行融资授信的利率均比一般企业高，小贷公司只能通过日常存款、流水等与合作银行机构协商降低贷款利率，而且公司贷款利息也未能参照金融机构进行税收减免，导致小贷的综合成本高达年化11％以上。另外，目前银行对租赁行业和租赁资产的审批日趋谨慎，且融资成本更高。

在多重因素的综合影响下，一些民营企业出现了违约事件，金融市场和部分金融机构对民营企业风险的偏好有所下降，而且这种风险偏好的下降，在金融市场上也出现了一定的"羊群效应"，一些经营正常的民营企业遇到了融资困难。这样的一种情况单纯依靠市场力量进行自我校正，短期内可能很难产生效果，所以有必要对金融市场的非理性预期和行为进行引导。

（2）金融机构层面

从金融机构角度来看，商业银行信贷技术不能满足小微企业融资业务发展需求（Ou and Williams，2009）。传统上把商业银行的贷款决策依赖于"硬信息"，大多数小微企业没有规范的财务制度，缺少可靠的财务报表和银行流水记录，无合法足值、有效的抵质押或保证担保，"硬信息"不足，造成贷款难、贷款贵（李勇和何德旭，2013）。除此之外，银行还会收取抵押资产评估费或担保费、抵押（或质押）登记费和公证费等费用，进一步增加融资成本（阎贞希，2018）。金融机构放贷具有所有制偏好。国有企业长期得到各级政府或国有银行的政策、资金支持（沈红波等，2010），而民营企业相对更难获得信贷资金（郭丽虹和徐晓萍，2012）。

整体看，广东省普惠金融的覆盖面依然有限，存在小微企业受益"冷暖不均"、金融机构"上热下冷"问题。以民营经济为例，广东省民营经济对本省经济增长的贡献显著，据数据显示，2018 年广东省民营经济增加值占地区生产总值的 54.1%，65% 的发明专利和 75% 以上的创新成果来自民营企业，80% 以上新产品由民营企业开发，80% 的国家级高新技术企业是民营企业，80% 以上、近 90 万人的新增就业岗位来自民营经济。然而，2018 年广东省普惠口径的民营小微企业贷款余额仅占全省贷款余额的 8.4%，远低于其他地区社会经济的贡献度。

（3）宏观层面

有学者认为，小微企业金融供给不足的重要原因是金融体制的缺陷（林毅夫和李永军，2001；罗丹阳和殷兴山，2006；田秀娟，2009；贾俊生，2017）。贾俊生（2017）认为，小微企业融资困境最突出、最根本的原因是高度集中的金融供给体系与中小微企业结构不匹配、金融供给结构失衡、金融体系的供给成本过高等。陆岷峰和徐博欢（2019）认为，我国金融供给存在深层次结构性矛盾的根本原因在于金融体系结构的不合理、不均衡，作为金融体系的基础和基石，微型金融机构发展不充分必然导致金融供给结构不合理，小微企业、民营企业等的金融需求得不到满足。小微企业贷款的难易程度受宏观经济环境影响大，当经济不景气时，小微企业更易出现经营困难，银行也显示出"惜贷"特征，小微企业获得其他资金流的渠道也减少，造成资金困难（葛永波等，2017）。封北麟（2020）指出政策性融资担保成为融资担保体系的支柱，但治理体系不完善、财政依赖度高是当前小微企业融资难的重要原因。

2.4.2 小微企业普惠金融发展现状

（1）扶持政策

当前，广东省不同地区政府针对区域内不同特色的小微企业设立了不同的扶持政策，政银联动效果较好。

广州市花都区作为绿色金融改革试点，2015 年开始了"助保贷"模式，花都区政府财政出资 5 000 万，设立中小企业风险补偿金，7 家合作银行按 10 倍比例放大贷款额度，一旦出现风险，首先用"企业助保金"补偿银行损失，当助保金无法足额覆盖时，启动"风险补偿金"，由花都区政府与银行各担 50% 的损失。该模式下，仅工商银行花都分行助保贷可放额度就达 1.7 亿元。

从对象上看，助保贷对花都区内优质绿色企业开放，政府筛选与银行推荐共建白名单机制，名单内企业通过无现金担保加抵押的方式有资格申请"助保贷"。

类似的助保贷模式在中山市同样存在，中山市财政出资 2.5 亿担保资金鼓励银行通过信贷支持培育小微企业上规上限、发展壮大，同时对满足条件的企业，还可以获得最高 40% 且每年不超过 30 万、累计不超过 60 万额度的贴息，极大降低了优质小微企业的融资成本。中山市展鸿塑胶制品有限公司作为国内专业生产环保材料垃圾袋的创新企业，就通过助保贷模式在工商银行中山分行获得了 1 500 余万的综合授信，可办理结汇、银行承兑汇票、信用证、短期和中长期融资业务等，满足企业的综合需求。

（2）贷款规模持续增长，融资成本稳中有降

融资方面，广东省银行信贷资金规模持续增长，并且在保持信贷投放持续增长的同时，企业银行信贷融资成本稳中有降。2019 年末，全省银行本外币贷款余额为 167 994.58 亿元。其中，2019 年第一季度，普惠金融口径小微贷款余额为 1.22 万亿元，比年初增加了 1 030 亿元，增长 9.2 个百分点；省商业银行（不含深圳）新发放贷款加权平均利率为 5.67%，同比下降 0.35 个百分点；小型企业贷款加权平均利率同比下降 0.44 个百分点；微型企业贷款加权平均利率同比下降 0.57 个百分点。2019 年前 5 个月，建行广东分行小微企业贷款平均利率为 5.33%，较 2018 年下降 0.67 个百分点。2019 年新发放普惠型小微贷款利率下降近 1 个百分点，其中 5 家大型银行新发放普惠型小微企业综合融资成本同比下降 1.31 个百分点，普惠型涉农贷款增速高于各项贷款平均增速 14 个百分点。扶贫小额信贷实现"能贷尽贷"，产业精准扶贫贷款同比增长 21.8%，62 个保险扶贫项目提供风险保障 1.45 万亿元。

此外，虽然目前有各类风险分散机制，但对金融机构来说，最重要的还是加强引导与监控资金流向。广东许多民营经济活跃地区民间借贷的比例并不算高，这与广东许多地区相对保守的投资与借贷习惯有关。但目前普惠金融政策下，越来越多的小微企业可以享受低息贷款，如何保证资金流入实体，流入经营，而非流入房地产或其他领域，也需要每一位一线员工加强引导和贷后管理。

（3）政策性融资担保体系不断完善，融资担保费率持续下降

广东省正积极完善财政与金融协同支持小微企业和"三农"机制，推动建立政策性融资担保体系，建立"政银担"风险分担新模式，通过风险补偿机制，变财政直接投入为间接支持，有效降低"三农"、中小微企业的融资门槛和成本，增强信贷资金的注入动力，撬动和放大信贷资金支持实体经济发展。2016 年以来，广东再担保有限公司以"控股、新建、强管控"方式与湛江、清远、汕头、汕尾、潮州等 10 个地市合作成立政府性融资担保公司，推行"0123"银担合作机制，即零保证金、一九分险（银行至少承担 10％的风险）、二项担保（只担保本金和正常利息）、三月代偿（争取代偿宽限期不少于三个月）。专注开展单户 500 万元以下的小微企业和"三农"融资担保业务，搭建广东省政府性融资担保体系。政府性融资担保体系全面运营以来，为近 800 家次企业超过 20 亿元融资提供担保增信，并研发推出"科创担"、"农业担"、"税融担"、"创业担"等产品，不断提升服务小微企业的能力。

（4）金融科技蓬勃发展，小微企业融资约束有效缓解

小微企业融资难，既有小微企业自身实力不足、财务不规范、风险大的原因，也有银行贷款技术落后无法准确评估对小微企业贷款可行性的原因，也有金融体制、社会信用体制、担保体制不完善等宏观方面的原因，而其中很大的原因是小微企业所处的发展阶段和信息不对称的叠加效应。近年来，以互联网支付、电商融资平台、P2P 网络借贷、众筹融资为代表的金融科技，以普惠金融服务对象为客户，为小微企业融资开辟了新融资渠道。金融科技的低成本特性让那些无法享受传统金融体系服务的人群获取了金融服务，具有普惠金融的特征，是实现普惠金融的重要方式（谢平和邹传伟，2012；丁杰，2015）。

金融科技对服务小微企业有极大优势。首先，评估方式对小微企业有利。小微企业融资需求期限短、额度小、用款急、频度高，传统的贷款评估侧重于财务报表等硬信息，传统的贷款评估难以在成本上实现经济性，而金融科技可利用贷款人在互联网上沉淀下来的大量行为数据等软信息，借助大数据分析，构建小微企业的信用评估模型，缓解了小微企业硬信息不足的劣势，有助于小微企业融资（Duarte et al.，2012；潘宗玲，2014）。其次，提供更多样化的产品。金融科技不同于传统金融的另一点是，传统金融机构提供的金融产品单一、标准化，而金融科技可以利用其信息技术优势为小微企业量身定制，提供种类繁多非同质化的商品，能够更好地满足小微企业的需求，同时提高网络外部性和规模经济效应，可使互联网金融小微企业融资的边际成本不断下降，解决小微企业的融资贵问题（牛瑞芳，2016）。最后，成本更低。张岭和张胜（2015）认为，互联网金融降低了信息不对称和交易成本，实现了融资双方资金和信息的有效配置；为小微企业提供了新的更高效便捷的融资渠道。平台大数据技术提供了更为精准的供需匹配，有助于提高贷款的批准率（戴东红，2014）。

与此同时，广东建立了省市联动、多主体共担的风险补偿机制，降低和平衡各金融机构的金融风险，推动各科技金融主体主动响应地区中小企业的融资需求。具体包括：

①广东省科技厅于 2015 年联合财政厅印发了《关于科技企业孵化器创业投资及信贷风险补偿资金试行细则》，对科技企业孵化器首贷出现的坏账项目，合作银行按坏账项目贷款本金的 10％分担损失，省财政和当地市财政信贷风险补偿资金分别按坏账项目贷款本金的 50％和 40％分担损失；对科技企业孵化器内的初创期科技型中小企业，按项目投资损失额的 30％给予创业投资机构补偿。

②通过省市联动建立了覆盖全省各市的科技信贷风险准备金池，为合作银行或者备案信贷产品提供高达 90％的贷款本金损失补偿，推动银行机构创新开发一批符合科技企业发展特点的信贷产品，如东莞的"贷奖联动支持"、佛山的"贷后备案审批"等，极大强化了金融机构的积极性，提升了融资效率。截止到 2017 年，广东省市联合科技信贷风险准备金总规模达 38.125 亿元，且绝大部分地区正着手扩大资金池规模，引导约 15 家银行机构支持科技型中小企业超过 200 亿元，实际发放贷款超过 100 亿元。

③作为全国 4 个专利质押融资风险补偿基金试点省份之一，广东加速建立健全知识产权质押贷款风险补偿机制。在国家和省多重引导下，广州、深圳、佛山、中山、惠州、珠海等珠三角地市都先后建立了知识产权质押融资风险补偿基金，其中以"政府＋保险＋银行＋评估公司"组成风险共担融资的"中山模式"受到国家知识产权局肯定，并向国家专利质押融资风险补偿基金试点省份推广，开启了保险撬动贷款的新模式。

2.5 普惠金融基础设施建设与支持性服务

2.5.1 农村金融组织体系不断完善，金融机构支农效能持续提高

广东省已形成由政策性银行、商业银行发挥主体骨干作用，农合机构支农能力不断增强，村镇银行等新型农村金融机构不断充实的农村金融组织体系。2019 年，中国人民银行广州分行加大金融支持力度，助推乡村振兴和扶贫攻坚。通过综合运用信贷政策支持再贷款、再贴现等货币政策工具，执行差别化存款准备金率政策，引导金融机构加强资源配置，撬动更多低成本信贷资金投向乡村振兴领域。2019 年，广东（不含深圳）累计投向涉农领域的信贷支持再贷款、再贴现金额同比增长 79.8％。截至 2019 年末，广东（不含深圳）金

融机构针对相对贫困人口的金融精准扶贫贷款余额 230 亿元，同比增长 32%，惠及扶贫企业 413 家、贫困人口 5.3 万人。

2.5.2 农村支付环境持续改善，农村普惠金融服务水平不断提升

一是农村地区移动支付"十百千示范工程"及移动支付示范镇建设大力推进，移动支付工具研发创新加强，精准对接特色农业金融服务需求，促进脱贫攻坚和农村电商发展。二是农村地区支付与市场基础设施建设不断完善，实现农村地区银行网点支付清算系统 100% 全覆盖。同时，银行卡助农取款综合服务示范点建设也广泛开展，推进银行卡助农取款服务点提质增效，不断提升农村普惠金融服务水平。截至 2019 年末，广东省存量助农取款服务点 2.4 万个，金融服务行政村覆盖率达到 100%，2019 年广东省共发生助农取款交易 683.3 万笔、金额 31.2 亿元。

2.5.3 基础金融服务网络实现纵深发展，基础金融服务设施深入村镇

截至 2019 年一季度末，广东省内 6 家大型银行所有一级分行和二级分行、14 家股份制银行一级分行、3 家城商行总行均设立了普惠金融事业部或开展普惠金融业务的专门部门；全辖已改制完成 57 家农村商业银行，分布在广州及辖内 18 个地市，基本形成支小支农主力军服务网络；广东全省已组建 51 家村镇银行，其中经济相对欠发达的粤东西北地区村镇银行 23 家，占比达 45%；全辖共设有小微支行 57 家、社区支行 224 家、科技支行 73 家。同时，全省乡镇实现银行网点 100% 全覆盖，行政村实现基础金融服务，包括 ATM 机、POS 机、转账电话、自助服务终端、助农取款点、流动服务、辐射服务等服务方式，100% 全覆盖，提前完成银保监会"力争 2020 年底银行业金融机构在乡镇一级基本实现全覆盖，'存、取、汇'等基本金融服务在行政村一级基本实现全覆盖"的工作任务。

2.5.4 政银合作打造普惠金融良好发展环境

一是"银税互动"为小微企业提供增信服务。与税务部门联动搭建"银税互动"平台，利用税务大数据为小微企业贷款增信服务。截至 2019 年一季度末，辖内"银税互动"小微企业贷款余额超过 450 亿元，惠及小微企业近 6 万户，有力支持了小微企业"以税促信、以信申贷"。二是"政银保"协作为银行业提供风险保障。通过"政银保"政策性小额贷款保证保险、商业性小额贷

款保证保险的有效推广，为小微企业融资增信提供风险保障。截至 2019 年一季度末，商业性小额贷款保证保险累计帮助 7.19 万户小微企业获得贷款 166.10 亿元；"政银保"小额贷款保证保险累计帮助 942 家小微企业获得贷款 11.85 亿元，政府提供担保资金 7.83 亿元。

2.5.5 乡村风貌加速提升

在广东省银监会的引导下，省内银行保险机构与省委、省政府农房管控和乡村风貌主动对接，提升工作发展规划，结合地方产业布局创新融资产品支持农房风貌改造，助力乡村风貌提升。截至 2021 年 4 月末，全辖乡村风貌提升贷款规模达 66.77 亿元，同比增加 196%。建设银行广东省分行针对茂名高州"大唐荔乡田园综合体"创新推出"荔乡风貌贷"，用于农房风貌改造提升，以村民种植荔枝等农作物的收入作为还款资金来源，有效解决农户农房风貌改造资金需求，目前已发放 1 600 万元。全省政策性农房保险承保农房 1 185 万户，承保覆盖率达 99.28%，基本实现应保尽保，让农民住得舒适、住得安心。

2.6 普惠金融发展的主要成就

2.6.1 授信规模稳步扩大

银行机构积极联动地方党政部门，持续开展信用户、信用村、信用乡（镇）创建和评定工作，并以此为基础开展整村授信。截至 2021 年 4 月末，广东省内整村授信规模近 70 亿元，是 2020 年同期的 4.5 倍。潮州农商行联合村委建立"党建联盟"并融入整村授信，建立信用村（户）评定体系，简化信用村（户）信贷流程，降低信贷门槛，在贷款利率上给予优惠，目前已与超过 100 个行政村签订整村授信协议，投放超过 1.8 亿元信贷资金。辖内保险机构鼓励农户通过线上自主提交承保理赔资料，结合线下公示，增强农户对承保理赔流程的参与度和保险服务流程的透明度，培育农户风险管理与保险意识。

2.6.2 金融产品与服务不断发展

省内银行机构围绕广东"一核一带一区"发展新格局，配合地方政府乡村振兴规划布局，创新推出新型城镇化建设、县域 PPP 业务、土地整治贷款、特色小城镇建设等多项信贷产品和金融服务，有效支持了广东电网农网改造、信宜市第二水质净化厂、鹤山沙坪河综合整治工程等乡村基础设施项目建设。

截至 2021 年 4 月末，辖内乡村基础设施建设项目贷款规模达 1 825 亿元，同比增加 19%。辖内保险机构积极探索开展高标准农田设施综合保险试点，提供工程施工、自然灾害、工程质量及管护缺失等"一揽子"风险保障。

"十四五"期间，广东农信已启动了"农村普惠金融户户通"工作，将充分发挥辖内 81 家法人机构、5 600 多个网点、2.2 亿个客户账号的规模优势，充分发扬农信系统"小法人、大系统"、"一方有难、八方支援"的优良传统，开展"普惠金融"和"防范化解金融风险"两大主题的百团大战，打造农村金融公共基础设施——广东农村普惠金融户户通，努力做到农商行在当地"户户有账户、户户有信用、户户有授信、户户有理财、户户有服务"，将广东金融毛细血管与全省各县区、各乡村和千千万万家庭连接在一起。

2.6.3 普惠金融服务平台持续发力

通过打造"粤信融"平台，向银行精准推送重点支持企业名单，推动银企对接，促进稳岗就业。2020 年，"粤信融"平台累计撮合银企融资对接 4.6 万笔，金额 3 052 亿元；中征应收账款融资服务平台为中小微企业提供线上"政采贷"业务和应收账款融资服务，促成融资 5 218 笔，金额 1 003 亿元；农村普惠金融服务水平持续提升，已通过平台为 371 家涉农企业提供 95.9 亿元信贷支持。

2.6.4 农村支付环境持续改善

一是建成首批移动支付示范镇，以镇为辐射带动点，推动移动支付下沉县域及县域以下地区，辐射带动周边农村地区普惠金融向纵深发展。2020 年，全省共启动建设移动支付示范镇 149 个，其中挂牌认定 100 个。二是夯实农村地区支付基础设施，实现农村地区银行网点支付清算系统 100% 全覆盖。同时，优先考虑农村地区老人和农民等弱势群体的均等化支付需求，探索实施助农取款服务分类管理，推动助农取款服务点向农村普惠金融服务点转型升级，提高农村支付服务的精准性、安全性、包容性。截至 2020 年末，广东省助农取款服务点 2.4 万个，全年共发生助农取款业务 992.3 万笔、金额 46.8 亿元。

3 广东普惠金融水平评估及其分析 ////////////

3.1 传统普惠金融指标分析

3.1.1 普惠金融指标的构建

何为普惠金融？直观理解，"普"意味着普及，关注金融服务覆盖程度；"惠"意味着优惠，强调金融服务成本可负担、质量有保障。围绕这两大核心要义，不同学者由于关注重点不同，对普惠金融的定义也存在差异。一些学者更多强调"惠"的维度。Claessens（2006）认为普惠金融应重点关注经济社会中的弱势群体，尤其是被传统金融机构排斥在外的低收入人群，应以合理的成本和可负担的价格提供质量合格的金融服务。减少价格和非价格阻碍是普惠金融的核心内涵（Demirguc - Kunt and Levine，2008）。大多学者重点关注"普"的维度，认为普惠金融是保证经济体内所有成员可以便利地触及、获得和使用正规金融体系的过程（Sarma，2008；2012；2016）。Mialou等（2017）提出，普惠金融可以被宽泛地定义为经济体内的个人和企业，基于其想要使用金融服务的动机，都不被拒绝获得金融服务。Cámara 和 Tuesta（2014）认为，普惠金融意味着最大化使用和服务可及性，同时最小化非自愿的金融排斥。世界银行和国际扶贫协商小组兼顾"普"和"惠"，对普惠金融进行了全面细致的定义，提出普惠金融意味着经济体中的所有成年人都可以从正规金融服务提供商处有效获得信贷、储蓄、支付和保险。国务院 2016 年颁布了《推进普惠金融发展规划（2016—2020 年）》（以下简称《规划》），《规划》结合了国内金融发展实际，界定普惠金融为立足机会平等要求和商业可持续原则，以可负担的成本为有金融服务需求的社会各阶层和群体提供适当、有效的金融服务。

普惠金融发展与传统金融发展是不同的。表 3 - 1 从概念、理念、目的与度量四个角度辨析了普惠金融发展与传统金融发展的差异。从内涵上看，传统金融发展主要指金融深化，具体表现为金融机构种类和数量的增加，金融市场规模的扩大，金融工具日益丰富，以及金融结构的合理化和高级化。而普惠金融发展与金融排斥相对，除提高金融深化程度以外，普惠金融更加强调金融服务的广度。从目的上看，传统金融发展的目的是动员更多的社会储蓄，并提高储蓄投资转化率。汇集社会闲散资本并转化为投资是金融体系的基本功能。而普惠金融强调了享受金融服务的"平等机会"，其目标是使那些被排斥在金融体系之外的经济主体能够以可负担的成本享受金融服务。在我国当前的经济背景和现行的经济政策来看，对小微企业和"三农"领域提供更多的金融服务，就是践行"平等机会"。从理念上看，传统金融发展是以效率为导向，旨在将资源配置到效率高的地区和行业。而普惠金融发展以机会平等和商业可持续性为理念，并不强调金融机构要最大化利润或最大化经济效率。从度量上看，经典文献在探讨金融发展与经济增长的关系时常常以金融规模与经济规模之比作为传统金融发展度量（Levine，1997），而普惠金融发展的度量则一般采用指数合成的方式，具体的分项指标包括银行网点覆盖率、ATM 覆盖率、人均存款、人均贷款、贷款利率上浮比率等。

表 3 - 1 普惠金融发展与传统金融发展的区别

概念	目的	理念	度量
传统金融	汇集社会闲散资本、转化为投资	以效率为导向，利润最大化、风险最小化	以 M2/GDP、信贷/GDP、股票市场规模/GDP 等指标分别度量银行体系发展和资本市场发展
普惠金融	让社会各阶层都能够以合理的成本享受到金融服务	机会平等、商业可持续、特定化配比程度	对网点覆盖率、人均银行账户数、人均贷款、贷款利率上浮程度等指标进行合成

可以看出，普惠金融和传统金融是有所区别的，且普惠金融需要多维度指标来度量普惠金融的有用信息，如果单独使用某一个指标或者某一维度指标，可能会导致对普惠金融现状的片面解读。因此，基于上述标准，不同学者构建了普惠金融的评价指标体系。如具有代表性的当属国际金融公司（IFC）从供给方和需求方两个角度构建了普惠金融跨国调查的 8 个指标，国际货币基金组织从可接触性和使用效用性两个维度构建了金融可接触性调查数据库 8 个指标（IMF，2004）以及世界银行的"全球金融普惠性指标"（The World Bank，2012）。Sarma（2008）首创了多维度综合性的普惠金融指数对各国普惠金融发展水平进行测度，最先将普惠金融划分为可得性、渗透性和使用性 3 个维

度，这一划分被后续学者广泛借鉴（Chakravarty and Pal，2013；Camara and Tuesta，2014；Mialou et al.，2017；Park and Mercado，2018）。Arora（2010）在其基础上，提出了新的三个维度。Gupte 等（2012）在综合 Sarma（2008）和 Arora（2010）指标体系的基础上，比较了不同年度印度普惠金融指数的变化情况。

3.1.2 普惠金融指标体系的构建原则和测算方法

通常而言，一个指标需要具备综合性、连续性、传递性和可行性等原则（曾省晖等，2014）。第一，综合性。普惠金融指数是对整个地区的金融水平衡量，构建指标需从整体出发，考虑金融领域的各个方面。第二，连续性。普惠金融是一个动态过程，会随着社会经济发展而发生变化；同时，由于各个国家、地区国情和经济水平存在较大差异，所以，构建普惠金融指标需适应不同的经济水平测度，并需根据政策、市场的环境发展而连续调整。第三，传递性。指标的传递性保证了地区之间的普惠金融水平可以互相比较。第四，可行性。普惠金融指数构建所选取的指标应易于采集和处理，并保证数据准确、来源可靠。参考 Sarma（2008；2012；2016）提出的普惠金融指数多维测算方法，高士然等（2019）从金融服务的可得性、使用情况和质量三个方面测度了普惠金融指数。我们采用该指数来分析广东省传统普惠金融的发展情况，具体测度普惠金融指数的指标见表 3-2。

表 3-2 普惠金融指数测算指标选取

维度	指标	计算公式	单位
金融服务可得性	每平方千米金融机构数	金融机构网点数/地区面积	家/平方千米
	每平方千米金融机构从业人数	金融机构从业人数/地区面积	人/平方千米
	每万人拥有的金融机构数	金融机构网点数/地区人口	家/万人
	每万人拥有的金融机构从业人数	金融机构从业人数/地区人口	人/万人
金融服务的使用情况	金融机构各项存款占 GDP 的比重	金融机构各项存款/地区 GDP	—

（续）

维度	指标	计算公式	单位
金融服务的 使用情况	金融机构各项 贷款占 GDP 的比重	金融机构各项 贷款/地区 GDP	—
	保险收入占 GDP 的比重	保险收入/ 地区 GDP	—
	保险收入与人 口数量的比重	保险收入/ 地区人口	元/人
金融服务的质量	小额贷款公司 贷款余额占比	小额公司贷款余额/ 各项贷款余额	—
	涉农贷款 余额占比	涉农贷款余额/ 各项贷款余额	—

在测算方法上，首先先计算各维度指标的权重。权重计算采用变异系数法，该指标的变异系数越大，则权重越大。变异系数计算公式为：

$$V_i = \frac{\sigma_i}{\bar{x}_i} \tag{3-1}$$

其中，σ_i 为第 i 个指标的标准差，$\bar{x}_i$ 为平均值。然后计算该项指标对应的权重：

$$W_i = \frac{V_i}{\sum_{i=1}^{N} V_i} \tag{3-2}$$

N 为指标个数。在本研究中共选取了 10 个小指标，故 $N=10$。W_i 越大，说明第 i 个指标在测度普惠金融程度时的权重越大。由于各项指标的单位不同，需要标准化处理才具备可比性。在此使用离差法，通过线性变换将不同量纲的数据映射到 [0，1] 之间：

$$D_i = W_i \times \frac{A_i - m_i}{M_i - m_i} \tag{3-3}$$

其中，A_i 为第 i 个指标的观测值，m_i 为所有地区第 i 个指标的最小值，M_i 为所有地区第 i 个指标的最大值。最后计算每个地区的普惠金融指数：

$$IFI = 1 - \frac{\sqrt{(W_1 - D_1)^2 + (W_2 - D_2)^2 + (W_3 - D_3)^2}}{\sqrt{W_1^2 + \cdots + W_N^2}} \tag{3-4}$$

IFI 第 i 个维度的测算值与理想水平之间的标准化欧氏距离的加权平均。

3.1.3　广东省普惠金融指数分析

（1）总体情况

图 3－1 展示了 2015 年至 2018 年广东省普惠金融指数和全国普惠金融平

均指数及其增长率。由图 3-1 可以看出，从横向对比来看，广东省普惠金融
指数均高于全国同期普惠金融指数的平均值。纵向对比来看，广东省普惠金融
指数在 2015 至 2018 年间稳步上升，由 2015 年的 0.139 增长到了 2018 年的
0.172。但在增长速度方面，广东省四年平均增长率为 7.4%，而全国平均增
长率为 10.4%，增长速度要低于全国增长水平。表 3-3 列出了 2015 年和
2018 年全国 31 个省份普惠金融指数排名。可以看出，广东省的普惠金融指数
在 2015 年和 2018 年均位列全国第 7，说明广东省的普惠金融发展比较稳定。

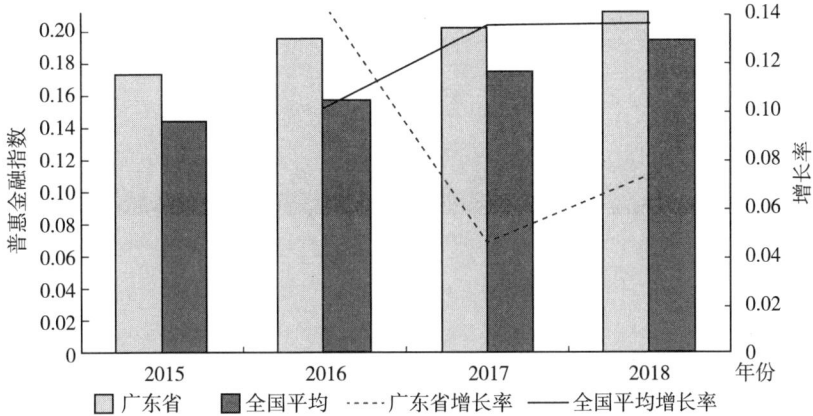

图 3-1　广东省数字普惠金融指数和全国普惠金融平均指数及其增长率

表 3-3　2015 年和 2018 年全国 31 个省份普惠金融指数排名

排名	2015 年	2018 年
1	上海	上海
2	北京	北京
3	天津	天津
4	河北	江苏
5	江苏	浙江
6	浙江	重庆
7	广东	广东
8	重庆	山东
9	山东	海南
10	安徽	福建
11	山西	辽宁

（续）

排名	2015 年	2018 年
12	河南	安徽
13	辽宁	河南
14	陕西	山西
15	福建	陕西
16	江西	湖北
17	宁夏	四川
18	四川	广西
19	海南	江西
20	湖南	湖南
21	广西	河北
22	湖北	吉林
23	贵州	内蒙古
24	新疆	云南
25	云南	黑龙江
26	甘肃	宁夏
27	吉林	贵州
28	内蒙古	新疆
29	黑龙江	甘肃
30	青海	青海
31	西藏	西藏

（2）各地级市普惠金融发展

图 3-2 和表 3-4 展示了广东省各地级市总指数分布情况。在 2015 年广东省普惠金融分布呈现明显的右偏形态，说明各地区普惠金融发展存在明显的差距，粤东西北地区的普惠金融指数明显低于珠三角地区的普惠金融指数。而在 2018 年，分布仍然存在右偏，粤东西北的普惠金融指数仍然较低，但在珠三角地区的普惠金融发展出现集聚现象，说明珠三角地区较发达城市的普惠金融发展可能存在一定的辐射效应。

2015年广东省各地级市普惠金融指数分布情况

2018年广东省各地级市普惠金融指数分布情况

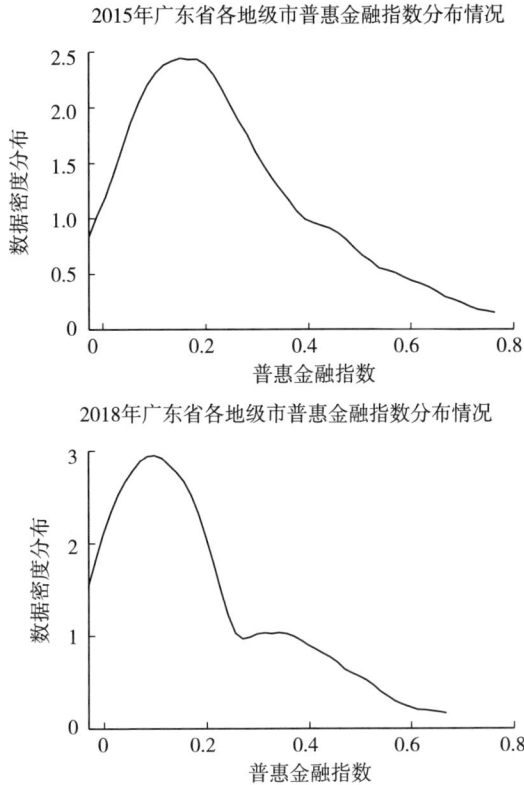

图 3-2 2015 年和 2018 年广东省各地级市总指数分布情况

表 3-4 2015—2018 年广东省各地级市普惠金融指数描述性统计

年份	25%分位数	50%分位数	75%分位数	平均值	最大值	最小值
2015	0.120	0.195	0.351	0.242	0.680	0.057
2016	0.111	0.130	0.322	0.207	0.625	0.042
2017	0.083	0.098	0.262	0.167	0.540	0.045
2018	0.079	0.097	0.301	0.182	0.592	0.046

2015—2018 年广东省各地级市普惠金融指数如表 3-5 所示。从表 3-5 可以看出，深圳、广州、东莞、珠海、佛山、中山的普惠金融发展较为稳定，连续四年稳居全省前六。珠三角地区的城市普惠金融指数排名较靠前，粤东地区次之，而粤西和粤北城市的普惠金融指数排名靠后。

表3-5　2015—2018年广东省各地级市普惠金融指数

地级市	2015	2016	2017	2018
深圳市	0.680	0.625	0.540	0.592
广州市	0.540	0.444	0.346	0.436
珠海市	0.480	0.322	0.262	0.301
佛山市	0.410	0.387	0.314	0.373
中山市	0.353	0.324	0.265	0.303
东莞市	0.351	0.413	0.331	0.401
江门市	0.320	0.179	0.147	0.154
惠州市	0.230	0.133	0.107	0.108
汕头市	0.210	0.255	0.196	0.222
肇庆市	0.203	0.115	0.092	0.084
清远市	0.195	0.108	0.083	0.079
梅州市	0.192	0.124	0.093	0.088
韶关市	0.160	0.112	0.080	0.073
河源市	0.140	0.111	0.080	0.071
潮州市	0.130	0.130	0.098	0.097
阳江市	0.120	0.099	0.045	0.062
湛江市	0.110	0.122	0.091	0.084
云浮市	0.078	0.064	0.094	0.085
揭阳市	0.073	0.137	0.107	0.103
茂名市	0.057	0.104	0.078	0.064
汕尾市	0.057	0.042	0.063	0.046
全省平均	0.242	0.207	0.167	0.182

　　表3-6列出了2015年和2018年广东省地级市总指数排名。在2015年广东省普惠金融指数排名前10的分别为深圳、广州、珠海、佛山、中山、东莞、江门、惠州、汕头和肇庆。珠三角城市占据9席，仅有汕头1个粤东城市位居前10。2018年排名前10的分别为深圳、广州、东莞、佛山、中山、珠海、汕头、江门、惠州和揭阳。揭阳市排名上升较快，从2015年的排名18到2018年跃居全省第10。此外，东莞和汕头的排名也有所上升。东莞由第6名上升到第3名，汕头由第9名上升到第7名。

表 3-6 2015 年和 2018 年广东省地级市普惠金融指数排名

排名	2015 年	2018 年
1	深圳市	深圳市
2	广州市	广州市
3	珠海市	东莞市
4	佛山市	佛山市
5	中山市	中山市
6	东莞市	珠海市
7	江门市	汕头市
8	惠州市	江门市
9	汕头市	惠州市
10	肇庆市	揭阳市

图 3-3 展示了 2015—2018 年广东省各地市普惠金融指数的箱线图。从横向比较来看，广东省不同城市之间普惠金融发展水平差异较大，例如在 2018 年，广州市的普惠金融指数最高的是深圳，为 0.592，而最低的汕尾市仅为 0.046，深圳为汕尾的近 13 倍。纵向比较来看，四年间许多城市的普惠金融指

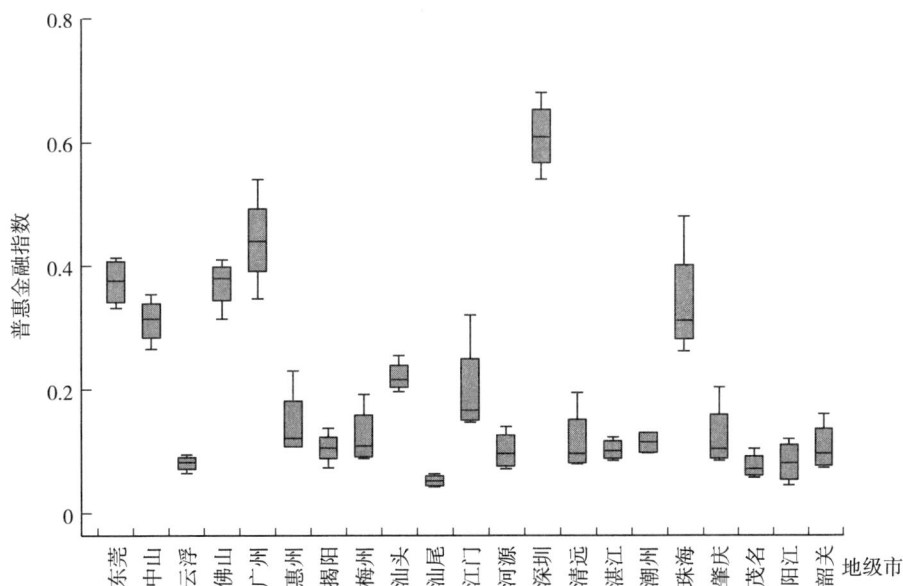

图 3-3 2015—2018 年广东省各地级市普惠金融指数箱线图

数有所降低。其中，清远市下降幅度最大，高达 59.6%。但也有少部分城市的普惠金融指数呈现逆势上升，包括汕头、茂名、东莞和揭阳。具体而言，汕头市上升 5.7%，茂名市上升 12.3%，东莞市上升 14.2%，而揭阳市上升幅度最大，高达 41.1%。从总体上看，广东省各地级市普惠金融发展仍然不均衡：珠三角地区各地市的普惠金融平均发展水平较高，粤东地区次之，粤西、粤北地区较低。

图 3-4 展示了 2015 年和 2018 年广东省各地级市普惠金融指数对比。由图 3-4 可以看出，2015 年粤东西北地区的城市普惠金融水平均较低，差异不大，而珠三角地区的城市普惠金融水平虽然较粤东西北地区高，但分化明显，广州和深圳的普惠金融指数明显高于珠三角其他城市。而到了 2018 年，粤东西北地区的城市普惠金融水平仍然较低，而珠三角地区城市的普惠金融水平也仍然较高，但珠三角地区城市的普惠金融水平呈现趋同的态势，分化程度较 2015 年有所降低。

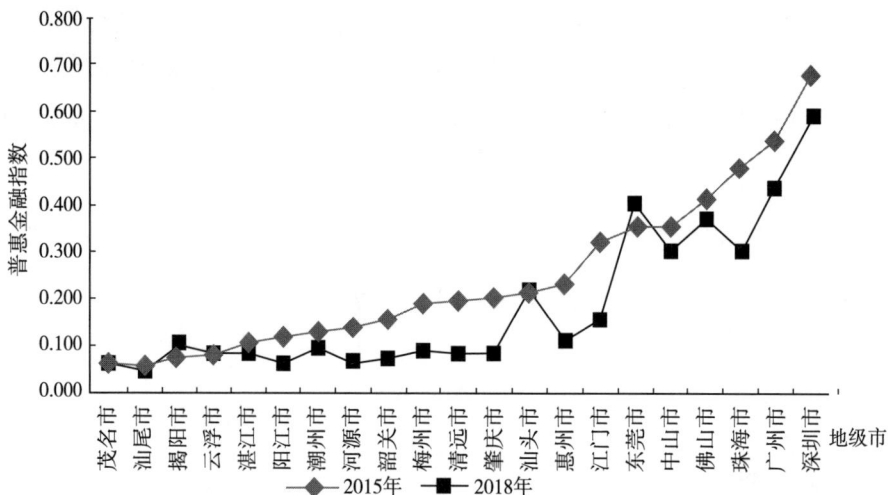

图 3-4　2015 年和 2018 年广东省各地级市普惠金融指数折线图

诚然，广东省的普惠金融发展程度在地区间仍然存在一定的差异。但从图 3-4 可以看出，总体差距似乎已经在逐渐缩小。为更严谨地论证广东省数字普惠金融发展差距的时间趋势，我们借助经济学中关于地区经济收敛性的论证方法进行讨论（Barro and Sala-i-Martin，1992；Sala-i-Martin，1996；郭峰等，2020）。在此我们用收敛模型来测度数字普惠金融收敛水平。收敛模型是针对存量水平的刻画，反映的是地区数字普惠金融偏离整体平均水平的差异以及这种差异的动态过程，即如果这种差异越来越小，则可以认为地区数字普惠金融存在收敛性。

σ 收敛模型可以定义为：

$$\sigma_t = \sqrt{\frac{1}{n}\sum_i (x_{it} - \overline{x}_i)^2} \qquad (3-5)$$

其中，x_{it} 为广东省第 i 个地级市的普惠金融指数的对数值，n 为地级市数量（在此 $n=21$）。$\overline{x}_t$ 表示广东省所有地级市在 t 期的平均指数的对数。σ_t 为 t 期数字普惠金融指数的 σ 收敛检验系数。由模型的定义可知，如果 $\sigma_{t+1}<\sigma_t$，这说明 $t+1$ 期的普惠金融指数比 t 期收敛。

由图 3-5 可以看出，广东省普惠金融水平在 2015 年至 2017 年呈现一定的收敛趋势，从 2015 年的约 0.31 下降到 2017 年的约 0.28。虽然 2018 年收敛检验系数又上升到了约 0.29，但系数较 2015 年还是降低了。结合图 3-4 可知，主要是因为珠三角地区城市的收敛速度加快，而粤东西北地区的普惠金融水平仍然处于较低的均衡状态中。

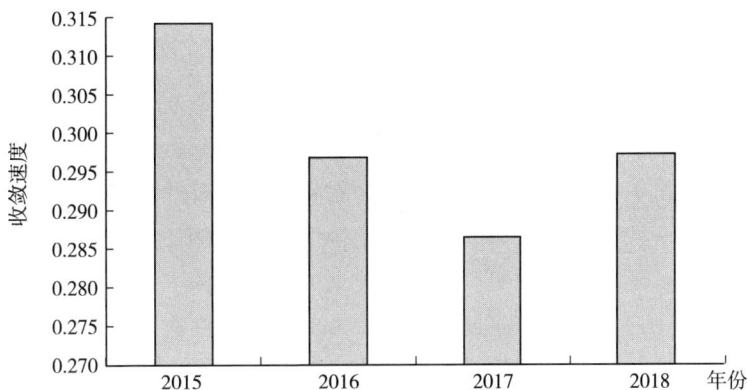

图 3-5　广东省普惠金融发展水平的收敛趋势

3.2　数字普惠金融指标分析

3.2.1　传统普惠金融指标体系选择的不足

无论是在国际上还是在中国国内，普惠金融的概念、理论和实践都经历了一个逐步深化的过程：从最初重点关注银行物理网点和信贷服务的可获得性，到广泛覆盖支付、存款、贷款、保险、信用服务和证券等多种业务领域（焦瑾璞等，2015），在实践层面，中国普惠金融实践已经从最初的公益性小额信贷逐步扩展为支付、信贷等多业务的综合金融服务。因此，从理论上讲，普惠金融是一个多维概念，如果单独使用某一个指标或者某一维度指标，可能会导致对普惠金融现状的片面解读。因此，度量普惠金融涉及不同维度的多个指标，因此一个科学的普惠金融指标体系非常重要（曾省晖等，2014）。不少机构和学者都在编制普惠金融指数这方面进行了诸多努力和尝试，希望用尽量多的指标和综合的方法来全面度量普惠金融（Sarma，2008、2012、2016；王伟等，2011；伍旭川和肖翔，2014；焦瑾璞等，2015；陈银娥等，2015；高士然等，2019）。

近年来，随着通信技术和电子商务的快速发展，中国互联网金融发展迅速（李继尊，2014）。北京大学互联网金融研究中心编制的互联网金融发展指数表明，自 2014 年 1 月至 2015 年 12 月，互联网金融发展指数增长了 3.8 倍。中国互联网金融的发展受到世界瞩目，也被寄予厚望，一些学者将互联网金融概括为不同于直接融资和间接融资的第三种金融融资模式（谢平和邹传伟，2012）。这种创新型的互联网金融，可以克服传统金融对物理网点的依赖，具有更大的地理穿透力和低成本优势。具体而言，从覆盖的区域来看，由于传统金融机构需要通过设置机构网点来提高覆盖面，但机构网点的高成本导致传统金融机构难以渗透到经济相对落后地区。而互联网企业与金融服务的跨界融合避开了这种弊端，一些地区即便没有银行网点、ATM 等硬件设施，客户仍能通过电脑、手机等终端设备获得所需的金融资源，实现非现金交易。与传统金融机构将主要资源分布于人口、商业集中地区的状况相比，互联网金融使得金融服务更直接，客户覆盖面更广泛。从覆盖的社会群体来看，互联网金融的产品创新降低了客户准入门槛，使得金融服务的贵族属性大大降低，平民化趋势日益显现。与传统金融机构的排他性对比，互联网金融可以满足那些通常难以享受到金融服务的中小微企业和低收人群的需求，体现了普惠金融的应有之义。但传统普惠金融指数受限于数据可得性，往往无法衡量互联网在普惠金融中起到的重要作用。基于此，北京大学数字金融研究中心和蚂蚁金服集团共同编制的数字普惠金融指数从创新性互联网金融的角度衡量数字普惠金融的发展，反映了现代金融服务的多元化。其业务类型包括了投资理财、互联网保险和大数据征信等金融服务。同时，就指标体系所涵括的维度而言，普惠金融应该同时关注金融服务所覆盖的广度，其被利用的深度以及客户真正被惠及的程度。

3.2.2　数字普惠金融构建原则和指标体系

本报告使用中国数字普惠金融指数来描述中国数字金融的发展概况。该指数由北京大学数字金融研究中心和蚂蚁金服集团共同编制。该指数始于2011年，至2020年已经持续了9年。数字普惠金融指数已经被用于分析中国数字金融的发展状况及经济增长、居民创业、居民消费等经济效应（谢绚丽等，2018；张勋等，2019；易行健和周丽，2018）。该指数采用了蚂蚁金服的交易账户大数据，具有一定的代表性和可靠性。按照综合性、可比性、连续性和可行性等原则（曾省晖等，2015），北京大学数字金融研究中心在现有文献和国际组织提出的传统普惠金融指标基础上，根据互联网金融服务的新形势和新特征，结合数据的可得性和可靠性，从互联网金融服务的覆盖广度、使用深度和数字支持服务三个维度来构建数字普惠金融体系。指标体系包括4个一级指标，11个二级指标和33个三级指标，具体指标说明见表3-7。

表 3-7　数字普惠金融指标体系

一级维度	二级维度	具体指标
覆盖广度	账户覆盖率	每万人拥有支付宝账号数量
		支付宝绑卡用户比例
		平均每个支付宝账号绑定银行卡数
使用深度	支付业务	人均支付笔数
		人均支付金额
		高频度（年活跃50次及以上）活跃用户数占年活跃1次及以上比
	货币基金业务	人均购买余额宝笔数
		人均购买余额宝金额
		每万人支付宝用户购买余额宝的人数
	信贷业务 个人消费贷	每万个支付宝成年用户中有互联网消费贷的用户数
		人均贷款笔数
		人均贷款金额
	小微经营者	每万个支付宝成年用户中有互联网小微经营贷的用户数
		小微经营者户均贷款笔数
		小微经营者平均贷款金额

（续）

一级维度	二级维度	具体指标
使用深度	保险业务	每万人支付宝用户中被保险用户数
		人均保险笔数
		人均保险金额
	投资业务	每万人支付宝用户中参与互联网投资理财人数
		人均投资笔数
		人均投资金额
信用业务	投资业务	自然人信用人均调用次数
		每万个支付宝用户中使用基于信用的服务用户数（包括金融、住宿、出行、社交等）
数字化程度	移动化	移动支付笔数占比
		移动支付金额占比
	实惠化	小微经营者平均贷款利率
		个人平均贷款利率
	信用化	花呗支付笔数占比
		花呗支付金额占比
		芝麻信用免押笔数占比（较全部需要押金情形）
		芝麻信用免押金额占比（较全部需要押金情形）
	便利化	用户二维码支付的笔数占比
		用户二维码支付的金额占比

在构建数字普惠金融指数时，首先将二级维度之下的各项具体指标进行标准化处理，形成可比的指标；其次，利用层次分析法（Analytic Hierarchy Process，AHP），确定中间各层级相对其上一层级的权重大小，再利用变异系数法求最下层（即各具体指标）对其上一层的权重大小；最后，利用这些权重进行指数合成，形成覆盖广度、使用深度和数字支持服务程度的发展指数。再通过指标无量纲化方法，获得最后的中国数字普惠金融指数。详细的指标说明和指数编制过程，可参考郭峰等（2020）。

3.3 广东省数字普惠数字金融指数分析

3.3.1 广东省数字普惠金融增长情况

虽然中国直到 2013 年 11 月才正式提出发展普惠金融，但由图 3-6 可以看出，中国数字普惠金融业务发展迅速。2011 年，全国数字普惠金融平均指

数为 40，2018 年为 300.21，增长了 6.5 倍。广东省的数字普惠金融指数也从
2011 年的 69.48 增长到 2018 年的 331.92，增长了 4.8 倍。从数字普惠金融的
指数来看，广东省的数字普惠金融指数每年都高于全国的平均水平。说明广东
作为金融大省，金融发展水平位居全国前列。但在增长率方面，广东省 2012
年至 2015 年的增长低于全国平均水平，2016 年至 2018 年和全国平均水平持
平。这可能是因为各省份的禀赋差异，经济欠发达地区由于普惠金融政策的倾
斜而导致其初始发展速度更快。随着广东省普惠金融政策的落实和金融产品需
求的增加，广东省的发展速度也趋于全国平均水平。

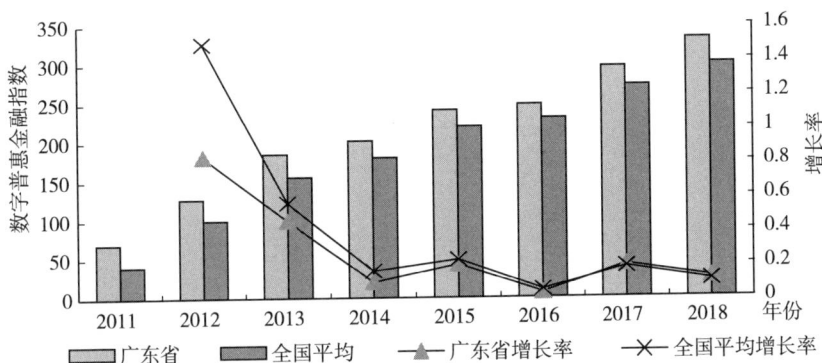

图 3-6　广东省数字普惠金融指数和全国数字普惠金融平均指数及其增长率

　　从分类指数来看，全国覆盖广度和数字支持服务程度增长速度较快，2018
年较 2011 年分别增长了 8.3 倍和 8.2 倍，使用深度增长了 6.1 倍。广东省覆盖
广度、使用深度和数字支持服务程度从 2011 年到 2018 年分别增长了 4.9 倍、
4.1 倍和 5.8 倍。其中，广东省的覆盖广度和使用深度指数均明显高于全国平均
水平，但数字支持服务程度和全国平均水平接近，甚至在 2015 至 2017 年间低于
全国平均水平（图 3-7 至图 3-9）。广东省三类分指标的增长速度在 2011—
2015 年间低于全国同期增长水平，但随着广东省支付宝账号覆盖面的拓展、互
联网金融产品的需求增加和移动支付的迅速发展，增长速度趋于全国平均水平。

　　从图 3-10 到图 3-13 可以看出，在 2018 年，广东省数字普惠金融指数
位居全国第六，而覆盖广度和使用深度分别排在全国第四和第六，数字支持服
务程度排在全国第七。但在覆盖广度和使用深度方面，全国差异较大，而数字
支持服务程度地区之间差距很小。结合图 3-10 至图 3-13 可以看出，广东省
的数字普惠金融优势在于覆盖广度和使用深度上，而数字支持服务程度仅和全
国平均水平相当。

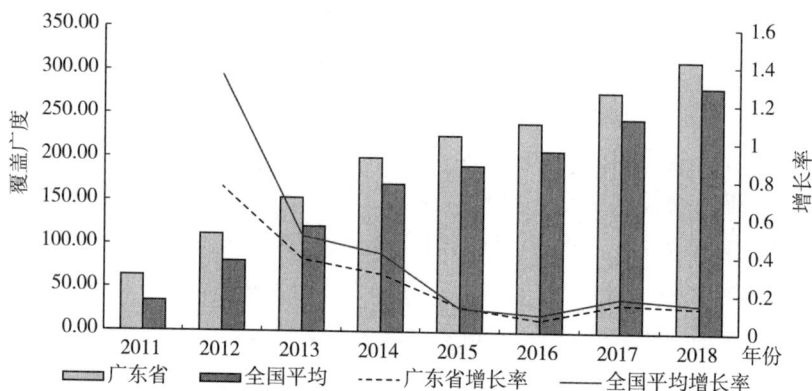

图 3-7　广东省覆盖广度指数和全国覆盖广度平均指数及其增长率

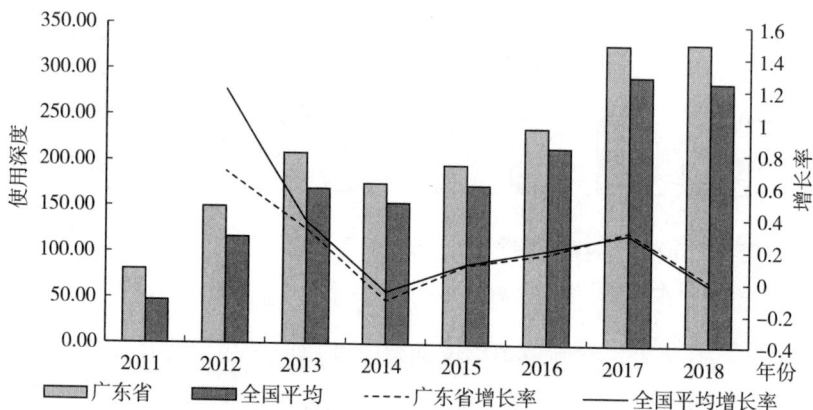

图 3-8　广东省使用深度指数和全国使用深度平均指数及其增长率

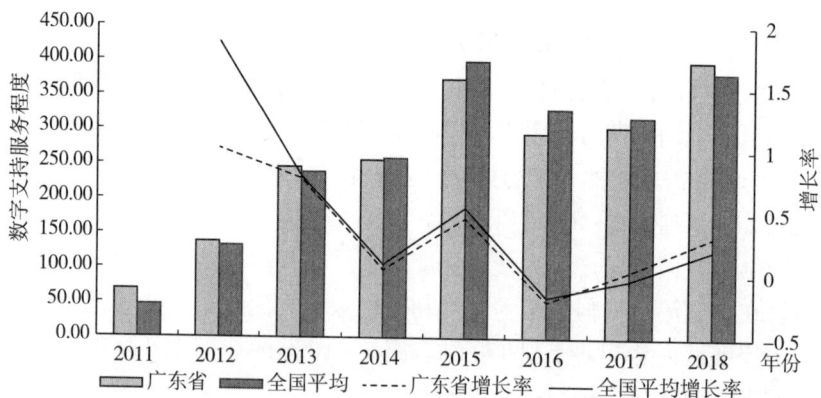

图 3-9　广东省数字支持服务程度和全国平均数字支持服务程度及其增长率

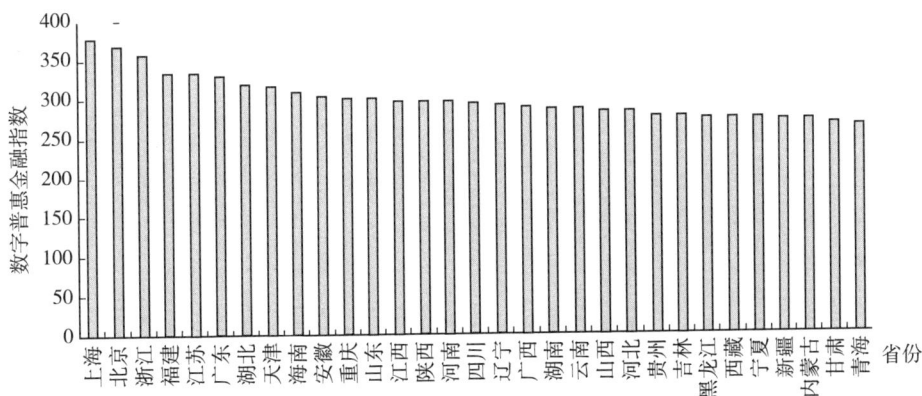

图 3-10　2018 年各省份数字普惠金融指数

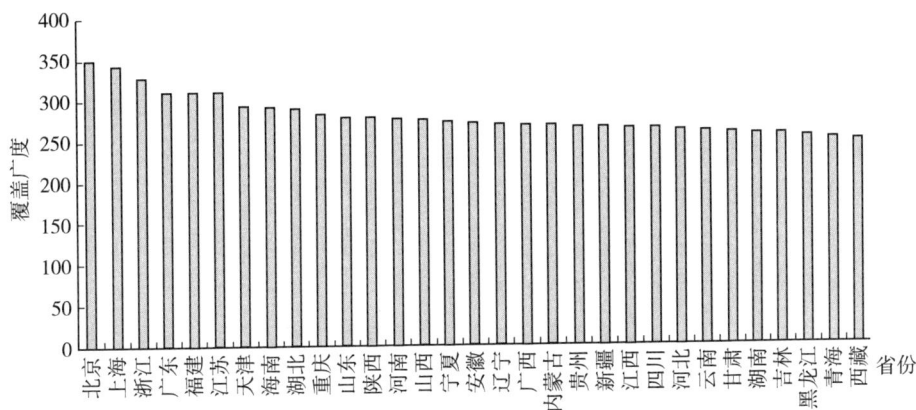

图 3-11　2018 年各省份数字普惠金融覆盖广度

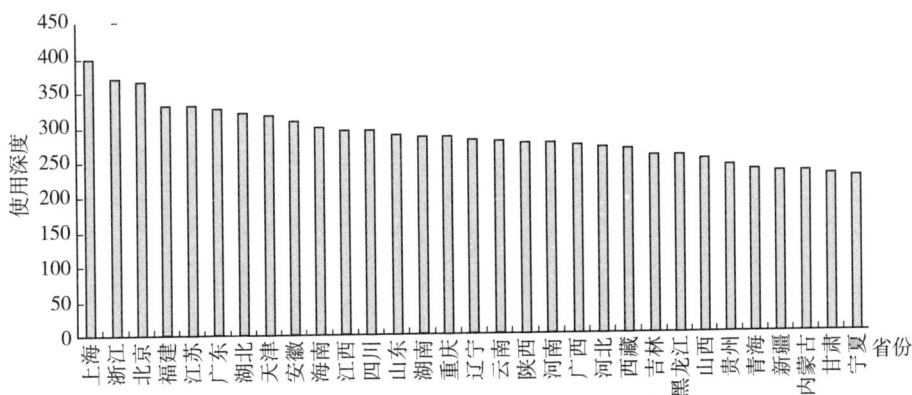

图 3-12　2018 年各省份数字普惠金融使用深度

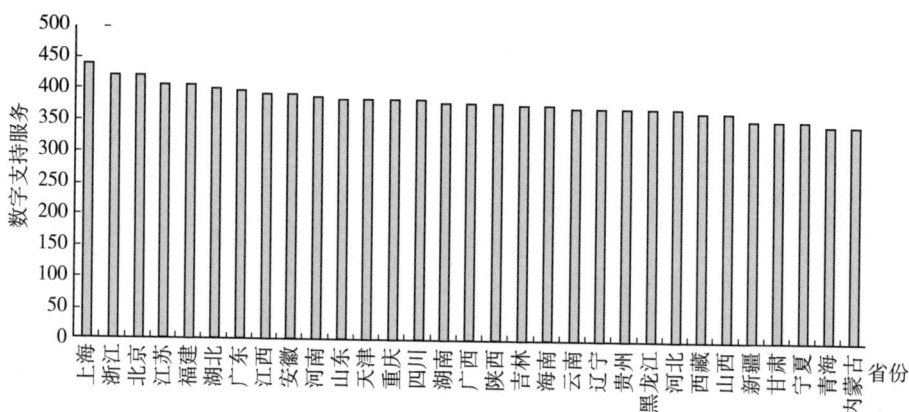

图 3-13　2018 年各省份数字支持服务

3.3.2　广东省数字普惠金融地区差异

图 3-14 展示了广东省内数字普惠金融指数和一级指标的变异系数随时间变化的情况。从纵向对比来看，广东省数字普惠金融指数在 2011 年变异系数较高，为 0.23，但逐年递减，在 2018 年时已减少到 0.09。说明广东省内各地级市的普惠金融发展呈现趋同之势。从分类指标来看，覆盖广度、使用深度和数字支持服务程度的变异系数也逐年递减。其中，覆盖广度的变异系数最大，在 2018 年覆盖广度的变异系数为 0.13，说明普惠金融的覆盖面在广东省内不同地区还存在较大差异；其次为使用深度，2018 年使用深度的变异系数为 0.07；最后为数字支持服务程度，2018 年数字支持服务程度的变异系数为 0.03。使用深度和数字支持服务程度的变异系数在 2018 年均小于 0.1，说明这两者在广东省各地级市的发展差异较小。

从横向对比[①]来看，在 2011 年，全国各省份的变异系数差异较大，东部沿海省份的省内差异显著小于其他省份。浙江省变异系数最低，为 0.07。海南省变异系数最高，为 0.58。广东省普惠金融指数的变异系数在 2011 年为 0.23，排在全国第十。广东省在 2018 年的变异系数为 0.03，排在全国十三。排名有所下降，说明从 2011 至 2018 年，广东省地区内普惠金融指数差异的缩小幅度较大。与此同时，在 2018 年，变异系数最高的省份内蒙古的变异系数也只有 0.07，最低的省份为新疆，变异系数为 0.01。我国的普惠金融发展随

---

① 由于指数计算公式不同，在此没有囊括北京、天津、上海、重庆四个直辖市。

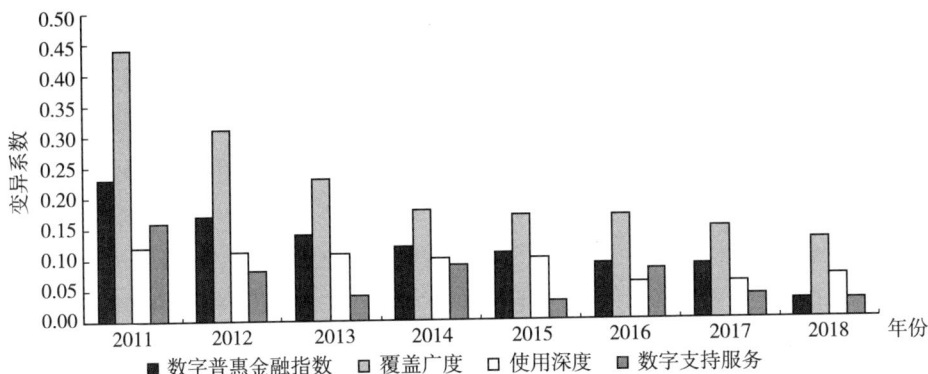

图 3-14　广东省数字普惠金融指数和一级指标的变异系数动态图

着时间的推移和业务的增长，各省份变异系数都降低到了 0.1 以下，各个省份的省内差异已不太明显，体现了普惠金融的全方位性（图 3-15）。

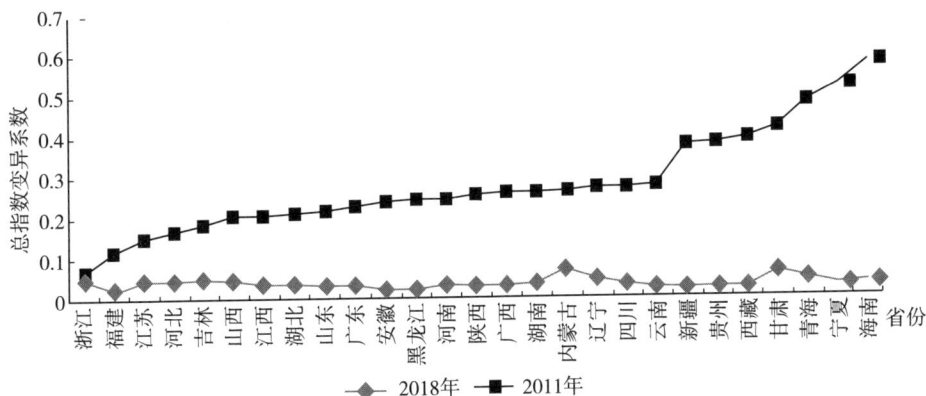

图 3-15　2011 年和 2018 年全国数字普惠金融指数变异系数

　　从衡量数字普惠金融的一级指标来看，广东省在数字支持服务发展和使用深度方面发展一直都较为均衡。2011 年广东省数字支持服务变异系数为 0.16，排在全国最后一位，2018 年数字支持服务发展变异系数为 0.03，排在全国十五。2011 年广东省使用深度变异系数为 0.12，位列全国第四，2018 年使用深度变异系数为 0.07，位列全国二十一。广东省普惠金融的覆盖广度的趋同速度也较快，变异系数从 2011 年的 0.44 降低到了 2018 年的 0.13，排名从全国十四下降到了全国二十二，说明广东省在覆盖广度、使用深度和数字支持服务的趋同速度上快于全国大部分省份（图 3-16、图 3-17 和图 3-18）。

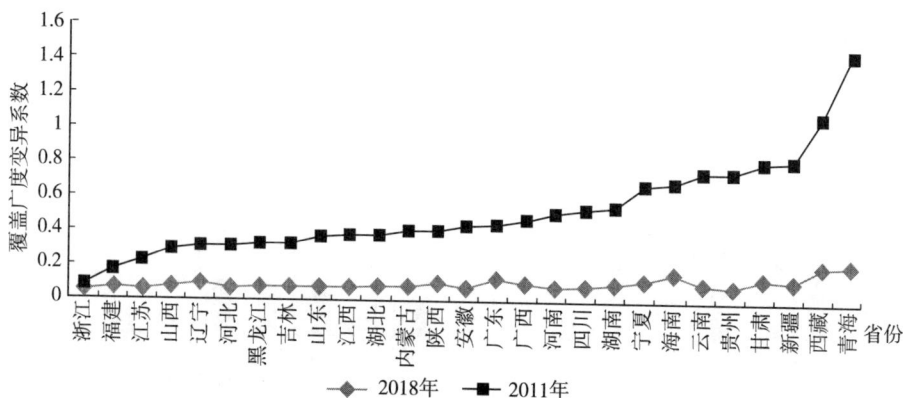

图 3-16 2011 年和 2018 年全国覆盖广度变异系数

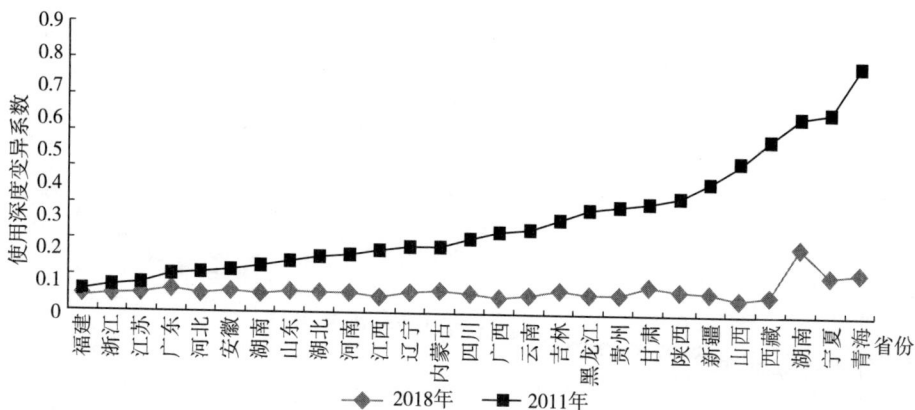

图 3-17 2011 年和 2018 年全国使用深度变异系数

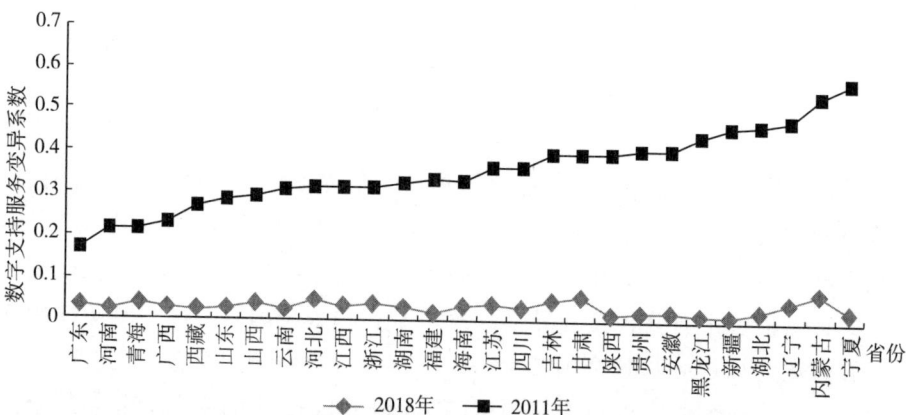

图 3-18 2011 年和 2018 年全国数字支持服务程度变异系数

3.4　广东各地级市数字普惠金融指数指标分析

3.4.1　总体分布情况

如表 3 - 8 所示，2011 年全国各地级市数字普惠金融指数的中位数为 46.90，平均值为 49.40。而广东省各地级市数字普惠金融指数中位数为 59.09，平均值为 62.41。广东省作为发达经济地区，在 2011 年各地级市的数字普惠金融水平均高于各国水平。图 3 - 19 展示了 2011 年全国和广东省各地级市总指数分布情况。在 2011 年，全国各地级市分布虽然呈现右偏，但广东省的分布呈现"双驼峰"状，说明广东省普惠金融水平在 2011 年存在明显的地域差异：珠三角地区普惠金融水平较高（指数集中在 80 附近），而其他地区普惠金融水平较低（集中在 55 附近）。

表 3 - 8　2011 年全国和广东省各地级市总指数描述性统计

	25%分位数	50%分位数	75%分位数	平均值	标准差
全国	39.45	46.90	59.25	49.40	15.58
广东省	50.19	59.09	78.28	62.41	14.35

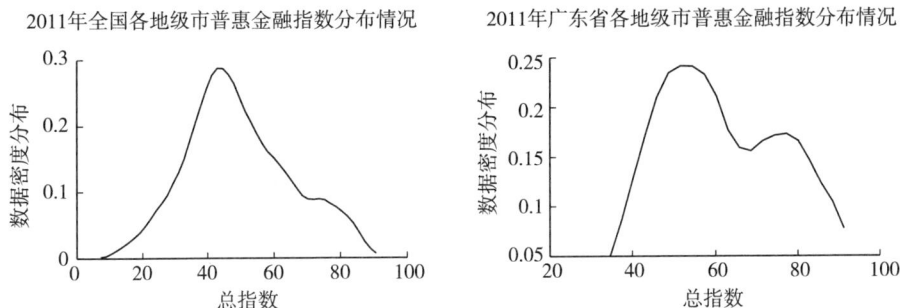

图 3 - 19　2011 年全国和广东省各地级市总指数分布情况

表 3 - 9 展示了 2018 年全国和广东省各地级市总指数描述性统计。2018 年全国各地级市数字普惠金融指数的中位数为 226.56，平均值为 229.90。而广东省各地级市数字普惠金融指数中位数为 235.37，平均值为 246.31。经过七年的发展，广东省的数字普惠金融水平仍然领先全国地区。与此同时，和 2011 年相比，广东省的总指数分布的"双驼峰"分布形态虽没那么明显，但存在右偏，且右偏程度大于全国分布情况，说明珠三角地区内部普惠金融水平

差距可能被拉大（图 3-20）。

表 3-9　2018 年全国和广东省各地级市总指数描述性统计

	25％分位数	50％分位数	75％分位数	平均值	标准差
全国	215.21	226.56	241.67	229.90	22.45
广东省	230.73	235.37	226.35	246.31	21.15

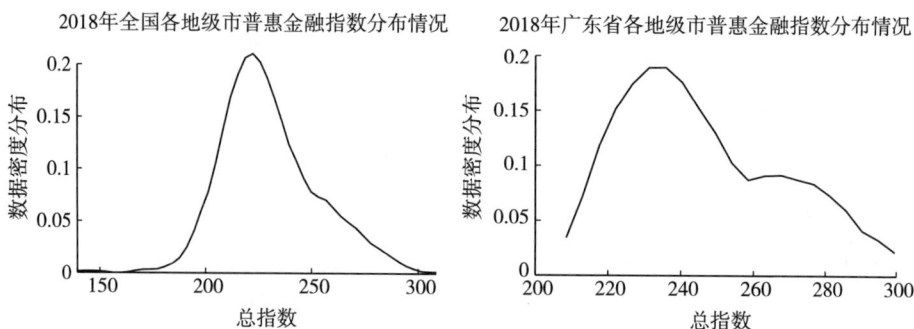

图 3-20　2018 年全国和广东省各地级市总指数分布情况

3.4.2　各地区发展趋势

　　表 3-10 列出了广东省各地级市数字普惠金融总指数发展趋势。从表 3-10可以看出，从 2011 年至 2017 年，深圳市数字普惠金融指数一直位居全省第一。广州市紧随其后，除了在 2011 年排名第三外，其他年份排名全省第二。表 3-11 展示了 2011 年和 2018 年广东省各地级市总指数排名。从表 3-11可以看出，2011 年广东省各地级市普惠金融指数前十名依次为深圳、中山、广州、佛山、东莞、珠海、江门、惠州、汕头和潮州。前十名中，有 8 个珠三角地区的城市，2 个粤东地区的城市（潮州和汕头）。2018 年，没有新晋城市进入前十名，说明这些城市普惠金融发展比较稳定。其中，珠海市发展迅速，从 2011 年的第 6 名到 2018 年跃居前三。潮州和汕头也一直稳居前十，说明粤东地区的普惠金融发展状况也比较良好。

表 3-10　广东省各地级市数字普惠金融总指数发展趋势

地级市	2011 年	2012 年	2013 年	2014 年	2015 年	2016 年	2017 年	2018 年
广州市	82.11	130.86	173.11	181.96	214.36	232.64	266.79	282.66
深圳市	84.39	140.84	181.14	189.26	219.99	238.05	272.72	289.22

（续）

地级市	2011 年	2012 年	2013 年	2014 年	2015 年	2016 年	2017 年	2018 年
珠海市	78.28	127.62	169.11	182.71	212.77	236.1	267.19	278.25
佛山市	81.87	122.32	162.69	171.39	201.04	218.44	250.62	267.49
东莞市	78.29	117.29	156.87	169.12	199.99	221.34	250.99	266.35
惠州市	69.23	110.86	150.29	159.94	191.44	213.9	242.59	257.61
肇庆市	52.24	91.35	125.44	143.51	170.16	191.77	221.43	233.52
江门市	69.56	105.79	142.9	157.27	182.94	202.68	231.38	247.64
中山市	83.1	122.96	163.13	170.48	202.44	220.82	252.66	267.79
汕头市	67.96	109.56	146.97	153.02	181.38	200.66	233.33	249.4
汕尾市	48.85	91.22	123.29	133.18	165.06	189.31	219.84	230.73
揭阳市	50.19	92.12	131.03	134.47	165.15	184.5	216.02	234.16
潮州市	60.07	99.39	140.49	145.44	178.42	199.73	220.99	237.7
梅州市	46.29	87.13	127.5	139.06	164.47	188.64	216.92	228.08
河源市	46.3	82.79	118.25	134.18	166.37	194.09	219.65	230.53
韶关市	55.96	96.39	133.5	143.79	172.42	195.14	222.16	233.48
清远市	53.98	91.11	123.78	147.21	169.25	194.1	221.09	233.74
湛江市	47.52	85.06	122.88	136.98	166.44	188.81	215.59	225.65
茂名市	41.63	80.35	115.64	126.61	157.67	181.42	208.59	218.85
阳江市	53.76	96.85	133.55	142.45	174.5	192.65	221.01	235.37
云浮市	59.09	92.45	124.43	135.98	160.13	185.66	213.46	224.38

表 3-11　2011 年和 2018 年广东省地级市总指数排名

排名	2011 年	2018 年
1	深圳市	深圳市
2	中山市	广州市
3	广州市	珠海市
4	佛山市	中山市
5	东莞市	佛山市
6	珠海市	东莞市
7	江门市	惠州市
8	惠州市	汕头市
9	汕头市	江门市
10	潮州市	潮州市

　　从一级指标来看（表3-12至表3-14），2011年广东省各地级市覆盖广度前十名依次为深圳、佛山、中山、广州、珠海、东莞、惠州、江门、汕头和韶关。在这些城市中，属于珠三角地区的有8个，粤东地区1个（汕头），粤北地区1个（去浮）。在2018年，珠三角地区的8个城市依然稳居前十。说明在普惠金融的覆盖广度上，经济发达地区依然占据优势。而阳江市顶替了韶关市进入前十名。在使用深度方面，2011年广东省各地级市使用深度前十名依次为深圳、汕头、中山、广州、揭阳、潮州、佛山、云浮、东莞、江门。属于珠三角地区的有6个，粤东地区3个（汕头、揭阳、潮州），粤北地区1个（云浮）。在2018年，前十名中珠三角地区有7个（云浮被惠州顶替），粤东地区3个（汕头、揭阳、潮州）。可以看出，粤东地区在普惠金融的使用深度上具有优势。在数字支持服务度上，2011年前十名排名依次为云浮、湛江、汕尾、潮州、揭阳、茂名、清远、汕头、江门和河源。前十名中珠三角地区的城市只有江门，而粤东地区有4个城市（汕尾、潮州、揭阳、汕头），粤北地区3个（云浮、清远、河源），粤西地区2个（湛江、茂名），说明数字化服务在粤东西北地区的初始水平较高。而在2018年，前十名发生了较大的变化，排名依次为：深圳、广州、佛山、中山、东莞、江门、珠海、茂名、梅州、肇庆。前十名中大部分地区又变为了珠三角地区的城市。这可能是因为随着数字化支付的发展，经济发达地区的移动支付程度急剧扩张，使得珠三角地区的城市排名随之上升。

表3-12　2011年和2018年广东省地级市覆盖广度排名

排名	2011年	2018年
1	深圳市	深圳市
2	佛山市	珠海市
3	中山市	广州市
4	广州市	东莞市
5	珠海市	中山市
6	东莞市	佛山市
7	惠州市	惠州市
8	江门市	江门市
9	汕头市	汕头市
10	韶关市	阳江市

表 3-13 2011 年和 2018 年广东省地级市使用深度排名

排名	2011 年	2018 年
1	深圳市	广州市
2	汕头市	汕头市
3	中山市	深圳市
4	广州市	珠海市
5	揭阳市	潮州市
6	潮州市	佛山市
7	佛山市	揭阳市
8	云浮市	中山市
9	东莞市	江门市
10	江门市	惠州市

表 3-14 2011 年和 2018 年广东省地级市数字支持服务度排名

排名	2011 年	2018 年
1	云浮市	深圳市
2	湛江市	广州市
3	汕尾市	佛山市
4	潮州市	中山市
5	揭阳市	东莞市
6	茂名市	江门市
7	清远市	珠海市
8	汕头市	茂名市
9	江门市	梅州市
10	河源市	肇庆市

3.4.3 地区收敛性

表 3-15 展示了广东省各地级市在总指数和一级指标的平均增长速度。由表 3-15 可以看出，在总指数、覆盖广度和使用深度平均增长速度的方面，前十名绝大多数都是粤东西北地区城市。粤东西北地区虽然初始普惠金融水平较低，但增长势头迅猛，发展相对落后的梯队城市逐渐升级。而在数字支持服务度方面，则是珠三角地区城市增长速度较快。

表 3-15　2011 年至 2018 年广东省各地级市平均增长速度排名

排名	总指数	覆盖广度	使用深度	数字支持服务度
1	茂名市	茂名市	阳江市	深圳市
2	梅州市	揭阳市	河源市	广州市
3	河源市	汕尾市	肇庆市	佛山市
4	汕尾市	湛江市	珠海市	中山市
5	湛江市	河源市	韶关市	东莞市
6	揭阳市	梅州市	茂名市	江门市
7	阳江市	清远市	汕尾市	珠海市
8	肇庆市	云浮市	梅州市	茂名市
9	清远市	肇庆市	广州市	梅州市
10	韶关市	潮州市	湛江市	肇庆市

　　图 3-21 至图 3-24 展示了 2011 年和 2018 年广东省各地级市的数字普惠金融总指数和一级指标。由图 3-21 可以看出，2011 年广东省数字普惠金融水平呈现两种均衡：粤东西北数字普惠金融指数处于较低水平，而珠三角地区普惠金融指数水平较高，但在两类地区的分化并不明显。而在 2018 年，粤东西北数字普惠金融指数仍在省内处于较低水平，但分化不明显：粤东西北地区指数最低的城市为茂名，总指数为 218.85；最高的城市为汕头，总指数为 249.4。但珠三角地区普惠金融指数出现明显的分化：深圳市总指数最高，为 290.32；江门市总指数最低，为 229。说明珠三角内部金融资源辐射广度还有待加强。

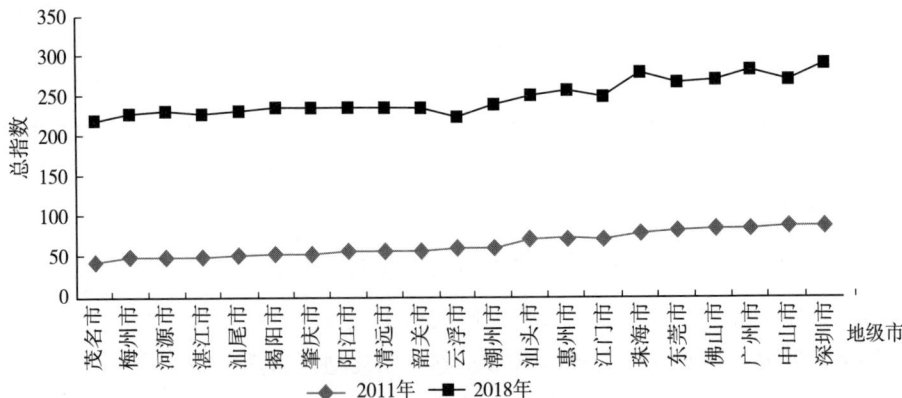

图 3-21　2011 年和 2018 年广东省各地级市数字普惠金融指数

从一级指标来看（图3-22至图3-24），在覆盖广度和使用深度上也呈现类似态势：粤东西北地区覆盖广度和使用深度仍处于省内较低水平，但分化不严重。而珠三角地区的覆盖广度和使用深度处于省内较高发展水平，但珠三角地区内部差异分化严重。数字支持服务度则是全省发展水平最为均衡的一个指数，说明广东省在移动支付方面普及率做得比较好。

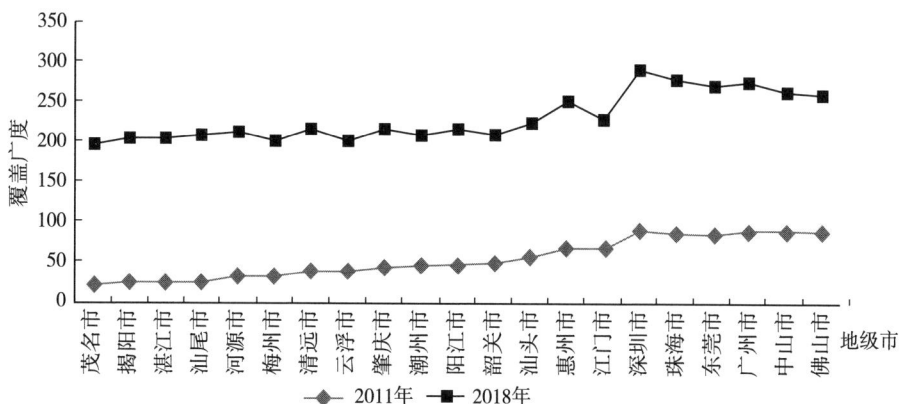

图3-22　2011年和2018年广东省各地级市覆盖广度

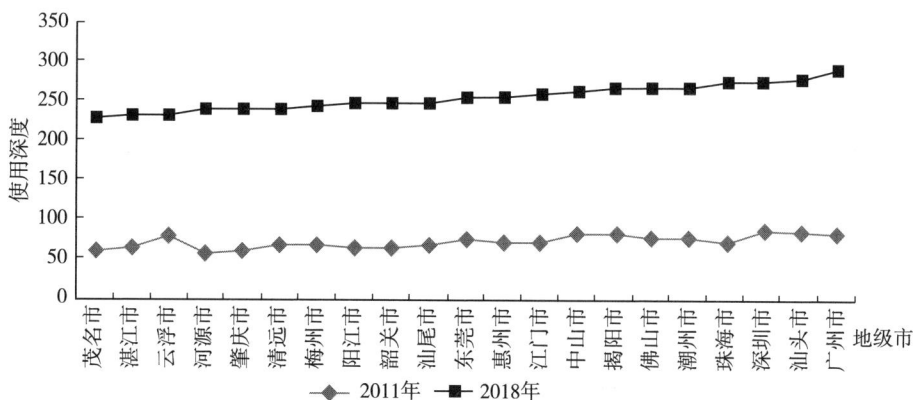

图3-23　2011年和2018年广东省各地级市使用深度

为进一步验证广东省数字普惠金融的收敛趋势，我们计算了总指数和一级指标的σ收敛速度。由图3-25可以看出，广东省数字普惠金融总指数呈现非常明显的收敛趋势，从2011年的0.23下降到2018年的0.07。从一级指标来看，覆盖广度的地区差距最为明显，但收敛速度也最快，由2011年的0.47下

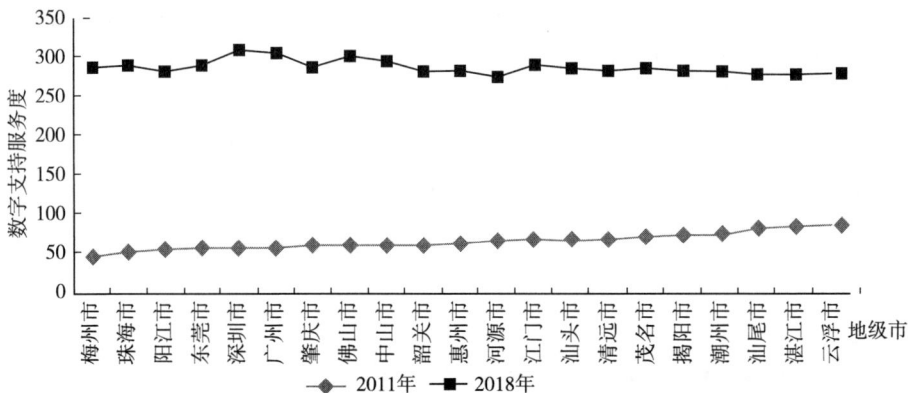

图 3-24 2011 年和 2018 年广东省各地级市数字支持服务度

降到 2018 年的 0.12；其次为数字化服务度，由 2011 年的 0.16 下降到 2018 年的 0.03；而使用深度的地区差距一直较小，2011 年为 0.12，2018 年为 0.07。

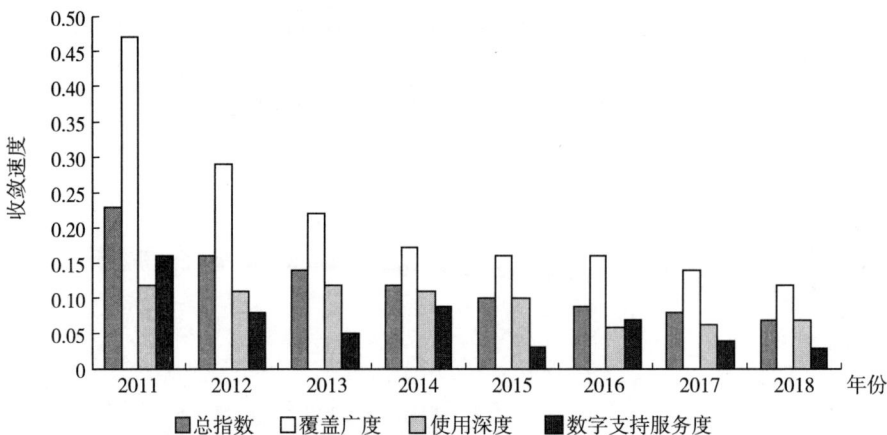

图 3-25 2011 年和 2018 年广东省数字普惠金融总指数和一级指标收敛速度

3.5 广东省数字普惠金融使用深度指数分析

普惠金融早期发展的主要驱动力来自其覆盖广度，但随着金融网点、移动支付账号的覆盖广度增加，覆盖广度的增长速度在近几年已有所减弱。与前几年的指数相比，中国最近几年指数增长的驱动力发生了非常明显的变化，数字金融使用深度的增长逐渐成为数字普惠金融指数增长的重要驱动力（郭峰等，

2020)。因此，为保持普惠金融模式的可行性、商业可持续性和可复制性，就需要进一步加强普惠金融深度。进一步分析广东省数字普惠金融使用深度的发展情况，能为广东省数字普惠金融事业由"粗放式"增长模式转入深度拓展的新阶段提供一些启示。北京大学数字金融使用深度指数下包括支付、保险、货币基金、信用服务、投资、信贷等分类指数，后文我们将逐一分析这些指标情况。

3.5.1 支付指数

（1）广东省总体情况

支付指数是由支付宝人均支付笔数、人均支付金额和高频度（年活跃 50 次以上）活跃用户数活跃 1 次及以上比加权构造得出，反映了该地区使用移动支付的业务情况。图 3-26 展示了广东省支付指数和全国支付平均指数及其增长率。纵向对比来看，2018 年广东省支付业务较 2011 年增长了 4.1 倍，平均增长率为 27.0%。横向对比来看，广东省支付业务均高于同期的全国平均水平。在增长速度方面，同期全国的支付业务增长了 4.6 倍，平均增长率为 29.1%，广东省增长速度略微低于全国平均指数增速。但近几年广东省在支付业务上的增速已超过全国平均水平。具体而言，广东省的支付指数在 2011 年位列全国第 8，2018 年上升一位位列全国第 7（表 3-16），说明广东省在移动支付深度上发展势头迅猛，是广东省拓宽数字普惠金融使用深度的主要驱动因素之一。

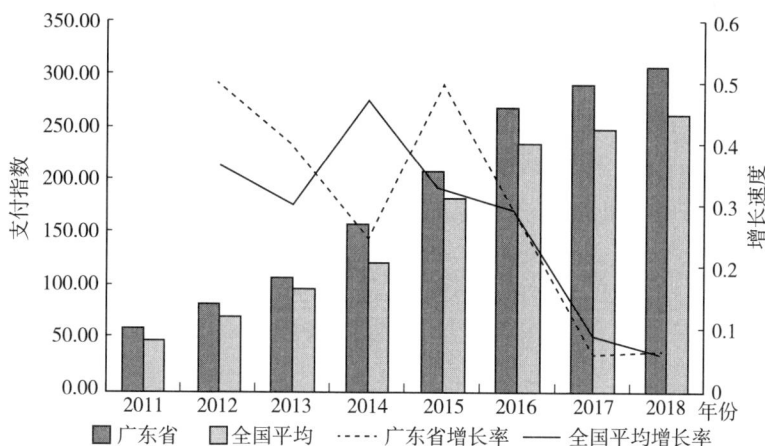

图 3-26　广东省支付指数和全国支付平均指数及其增长率

表 3 - 16　2011 年和 2018 年全国 31 个省份支付指数排名

排名	2011 年	2018 年
1	上海	浙江
2	浙江	上海
3	江苏	福建
4	北京	北京
5	福建	江苏
6	湖北	湖北
7	海南	广东
8	广东	安徽
9	重庆	天津
10	江西	江西
11	天津	河南
12	云南	海南
13	湖南	山东
14	广西	重庆
15	辽宁	广西
16	贵州	四川
17	安徽	陕西
18	四川	湖南
19	山东	山西
20	河南	河北
21	陕西	辽宁
22	黑龙江	西藏
23	内蒙古	云南
24	河北	贵州
25	吉林	黑龙江
26	新疆	吉林
27	山西	新疆
28	宁夏	甘肃
29	甘肃	宁夏
30	西藏	内蒙古
31	青海	青海

(2) 广东省各地区情况

表3-17列出了广东省各地级市支付指数的发展趋势。汕头打破了广深的垄断，在支付指数上一直位列全省第一。揭阳市的支付指数也位列前三。珠三角和粤东地区的支付发展指数较高，而粤北和粤西地区的支付指数较低。由表3-18可知，2011年广东省各地级市支付指数前十名依次为汕头市、广州市、揭阳市、深圳市、中山市、潮州市、珠海市、江门市、汕尾市和湛江市。在这些城市中，属于珠三角地区的有5个，粤东地区4个（汕头、揭阳、潮州和汕尾），粤西地区1个（湛江）。在2018年，广东省各地级市支付指数前十名依次为汕头市、揭阳市、广州市、深圳市、潮州市、珠海市、佛山市、中山市、惠州市、汕尾市。惠州顶替湛江进入前十名，而粤东四市依旧位列前十。除珠三角地区外，粤东地区的移动支付发展较好。

表3-17 2011—2018年广东省各地级市支付指数

地级市	2011年	2012年	2013年	2014年	2015年	2016年	2017年	2018年
广州市	83.51	105.49	125.05	170.94	235.49	292.56	312.37	331.21
韶关市	53.46	66.11	93.47	135.33	178.37	223.31	238.28	247.95
深圳市	80.45	111.16	130.34	173.08	214.97	276.48	306.26	323.51
珠海市	70.66	88.98	110.80	165.23	199.24	255.09	272.83	293.78
汕头市	89.70	106.51	134.91	174.85	214.39	289.76	329.53	339.22
佛山市	55.50	79.99	110.01	156.67	192.17	253.82	273.07	290.86
江门市	67.93	80.22	100.86	136.18	181.91	231.56	248.44	262.16
湛江市	66.52	71.79	92.02	136.08	175.56	226.09	249.13	247.63
茂名市	55.05	62.34	76.75	121.70	155.23	207.69	219.40	231.63
肇庆市	52.94	60.84	93.19	142.25	176.21	223.81	238.23	256.81
惠州市	55.24	73.11	106.57	158.34	204.16	252.76	267.73	287.69
梅州市	64.95	80.88	108.21	149.48	177.16	227.40	255.91	259.23
汕尾市	67.86	78.54	102.31	152.07	194.09	246.34	266.44	283.33
河源市	55.71	67.23	91.82	139.95	181.52	234.30	247.67	263.21
阳江市	55.44	68.96	102.74	133.88	176.48	233.59	245.45	261.75
清远市	54.87	69.42	96.56	140.85	172.61	222.95	234.44	252.39
东莞市	65.60	93.43	100.66	144.35	191.63	240.17	253.48	277.30
中山市	76.07	89.73	123.34	156.31	204.17	251.10	267.92	288.44
潮州市	75.73	84.27	127.66	181.88	226.86	280.28	294.76	312.69
揭阳市	82.85	107.96	141.03	188.70	224.43	298.29	327.08	337.43
云浮市	61.63	71.74	93.72	134.46	164.22	211.74	231.29	241.89

表3－18　2011年和2018年广东省各地级市支付指数前十名

排名	2011年	2018年
1	汕头市	汕头市
2	广州市	揭阳市
3	揭阳市	广州市
4	深圳市	深圳市
5	中山市	潮州市
6	潮州市	珠海市
7	珠海市	佛山市
8	江门市	中山市
9	汕尾市	惠州市
10	湛江市	汕尾市

　　图3－27展示了2011年和2018年广东省各地级市移动支付指数的差异情况。可以看出，2018年全省各地级市支付业务发展差异比2011年要大。由地区收敛的 σ 收敛速度也可以看出（图3－28），支付指数在2012—2016年有所收敛，但在2016年后又有所上升，说明在支付指数上广东省还存在地区差异，主要体现在珠三角地区和粤东地区的支付指数较高，而粤北和粤西地区的支付业务一直处于较低水平。说明推动经济较落后地区的支付业务，可能是广东省进一步深化普惠金融发展的重要方向之一。

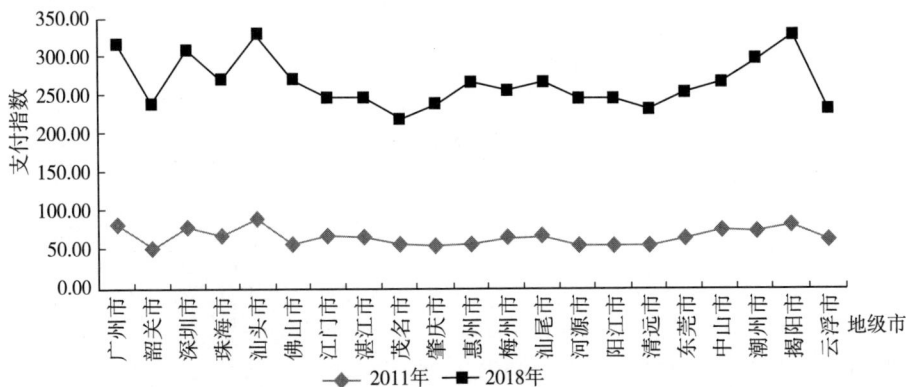

图3－27　广东省各地级市支付指数发展差异

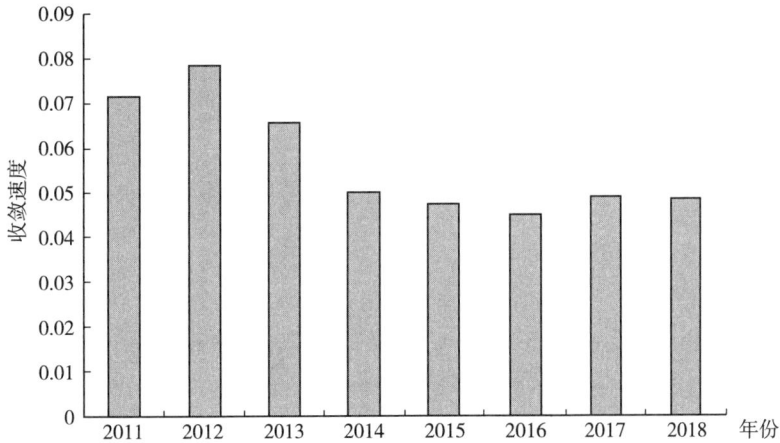

图 3-28   广东省支付指数 σ 收敛速度

3.5.2   保险指数

（1）广东省总体情况

保险指数是由每万个支付宝用户中被保险用户数、人均保险笔数和人均保险金额三个指标加权构造得出。支付宝用户可以购买车险、健康、人寿、养老金、意外、财产等商业保险，故保险指数可以反映该地区人群参与商业保险的情况。

图 3-29 展示了广东省保险指数和全国保险平均指数及其增长率。纵向对比来看，2018 年广东省保险指数较 2011 年增长了 13.46 倍，平均增长率为

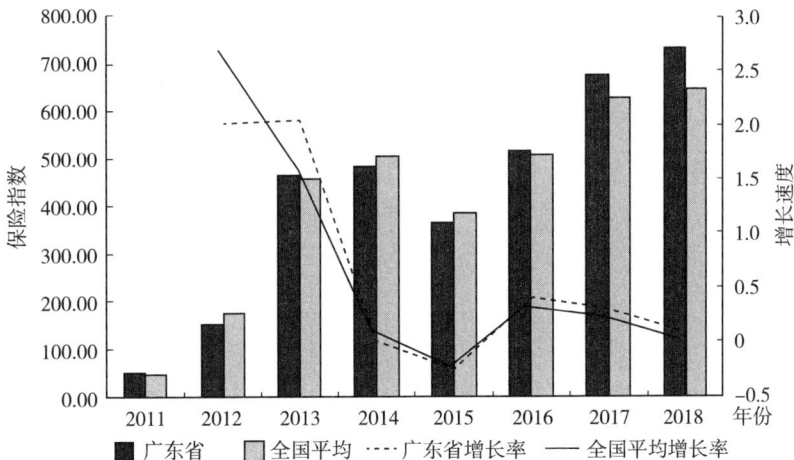

图 3-29   广东省保险指数和全国保险平均指数及其增长率

66.7%。横向对比来看，广东省保险指数在 2011 年至 2015 年略低于同期的全国平均水平（2013 年除外），但在 2016 年后开始反超，到 2018 年时广东省保险指数已远高于同期的全国平均水平。全国平均保险指数增长了 12.7 倍，平均增长率为 68.0%。在保险指数增速方面，广东省的增长速度和全国平均指数增速大致相同。具体而言，广东省的保险指数在 2011 年位仅列全国第 13，但 2018 年已经上升到全国第 5（表 3-19）。说明广东省虽然在初始阶段保险指数较低，增长速度较快，这可能与广东省自 2015 年以来大力发展商业健康保险等政策有关。

表 3-19　2011 年和 2018 年全国 31 个省份保险指数排名

排名	2011 年	2018 年
1	浙江	上海
2	云南	浙江
3	江苏	福建
4	天津	北京
5	四川	广东
6	上海	江苏
7	西藏	安徽
8	海南	天津
9	北京	湖北
10	重庆	江西
11	新疆	海南
12	湖南	四川
13	广东	湖南
14	内蒙古	山东
15	辽宁	辽宁
16	贵州	广西
17	江西	河南
18	福建	云南
19	湖北	重庆
20	广西	陕西
21	宁夏	河北
22	安徽	吉林

（续）

排名	2011 年	2018 年
23	黑龙江	西藏
24	陕西	贵州
25	河北	黑龙江
26	吉林	内蒙古
27	青海	山西
28	山西	宁夏
29	山东	甘肃
30	甘肃	青海
31	河南	新疆

（2）广东省各地级市情况

表 3 - 20 列出了广东省各地级市保险指数的发展趋势。可以看出，珠三角地区城市的货币保险指数一直位居全省前列。由表 3 - 21 可知，2011 年广东省各地级市保险指数前十名依次为珠海市、中山市、汕头市、江门市、潮州市、深圳市、佛山市、清远市、韶关市和云浮市。在这些城市中，属于珠三角地区的有 5 个，粤东地区 2 个（汕头、潮州），粤北地区 3 个（清远、韶关、云浮），在初始阶段广东省的保险指数分布较为均衡。但在 2018 年，广东省各地级市保险指数前十名变为了广州市、汕头市、珠海市、揭阳市、潮州市、佛山市、中山市、江门市、深圳市和惠州市。珠三角地区的城市占据了 7 个，其余为粤东地区城市（汕头、揭阳和潮州），粤西和粤北地区的城市被挤出前十。说明经济较发达地区人群的潜在保险需求较大，数字普惠金融的发展更能满足他们对多品种商业保险的需求。

表 3 - 20　2011—2018 年广东省各地级市保险指数

地级市	2011 年	2012 年	2013 年	2014 年	2015 年	2016 年	2017 年	2018 年
广州市	53.14	119.11	321.26	337.05	279.94	379.29	516.68	600.29
韶关市	60.83	135.31	329.31	338.75	262.23	352.83	454.49	489.02
深圳市	65.36	137.36	332.75	343.54	272.42	366.42	481.16	534.11
珠海市	81.43	135.29	329.28	341.90	283.67	383.42	503.20	573.22
汕头市	68.60	136.40	322.98	343.34	274.16	389.92	501.11	596.15
佛山市	64.29	145.47	321.57	334.31	287.88	400.48	497.93	546.96

（续）

地级市	2011 年	2012 年	2013 年	2014 年	2015 年	2016 年	2017 年	2018 年
江门市	68.24	134.04	315.72	339.42	276.65	367.48	483.45	539.83
湛江市	53.17	108.91	275.71	321.73	242.33	322.43	418.40	440.37
茂名市	41.70	94.26	230.84	229.15	186.99	297.97	407.04	445.29
肇庆市	54.57	118.42	283.39	289.97	226.67	332.97	436.95	461.77
惠州市	56.88	114.67	276.95	300.66	249.79	358.40	460.68	512.82
梅州市	45.06	113.30	304.81	333.74	257.61	374.49	470.82	486.92
汕尾市	37.98	111.07	236.81	262.29	218.87	364.15	466.91	497.10
河源市	44.24	97.99	222.02	265.61	232.32	349.95	454.55	478.70
阳江市	45.02	114.51	311.62	298.91	246.98	347.27	457.01	505.24
清远市	61.53	114.59	266.02	280.05	227.11	339.77	445.30	468.42
东莞市	55.73	102.63	289.75	310.47	247.78	340.05	438.60	499.19
中山市	71.47	123.34	312.40	333.85	279.15	392.60	491.32	539.95
潮州市	66.59	139.49	357.33	340.43	292.00	414.11	496.46	565.54
揭阳市	44.06	136.33	282.00	289.96	241.45	371.51	485.28	566.85
云浮市	58.78	113.26	273.25	301.65	235.50	338.94	431.51	447.68

表 3-21　2011 年和 2018 年广东省各地级市保险指数前十名

排名	2011 年	2018 年
1	珠海市	广州市
2	中山市	汕头市
3	汕头市	珠海市
4	江门市	揭阳市
5	潮州市	潮州市
6	深圳市	佛山市
7	佛山市	中山市
8	清远市	江门市
9	韶关市	深圳市
10	云浮市	惠州市

　　图 3-30 展示了 2011 年和 2018 年广东省各地级市保险指数的差异情况。可以看出，2018 年全省各地级市保险指数的地区差异比 2011 年的差异更大。

由地区收敛的σ收敛速度（图3-31）也可以看出，保险指数在2011至2017年有所收敛，但在2017年后又有所上升，说明近几年广东省保险指数的地区分化现象更加严重，主要体现在珠三角地区和粤东地区的保险指数较高，而粤北和粤西地区的保险指数较低。如何让商业保险惠及经济较不发达地区的人群，是广东省推动普惠金融发展的一个重要方向。

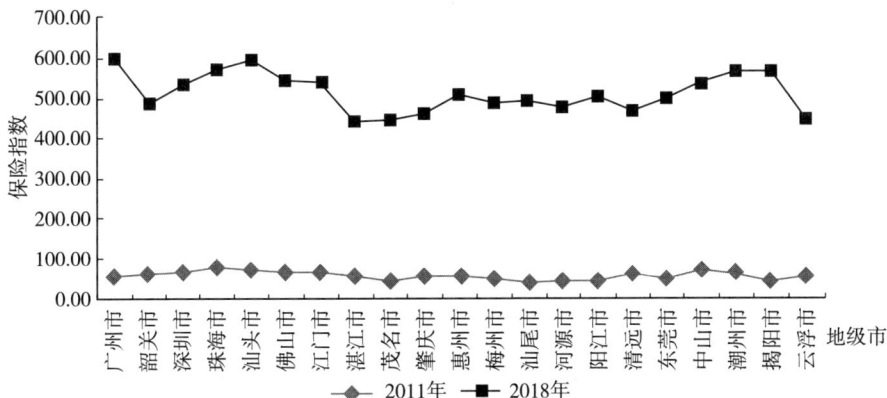

图3-30　广东省各地级市保险指数发展差异

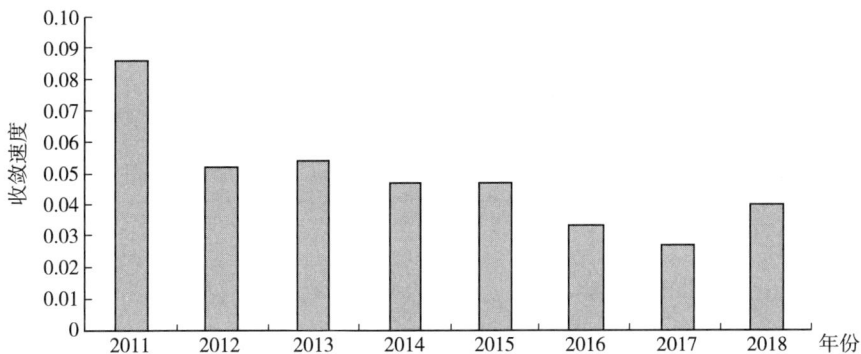

图3-31　广东省保险指数σ收敛速度

3.5.3　货币基金指数

（1）广东省总体情况

货币基金指数是由人均购买余额宝笔数、人均购买余额宝金额和每万个支付宝用户购买余额宝的人数三个指标加权构造得出。货币基金收益率一般略高于定期存款，流动性也较强，是低风险资产的一种，故货币基金指数反映了该地区低风险资产的投资情况。

图 3-32 展示了广东省货币基金指数和全国货币基金平均指数及其增长率。纵向对比来看，2018 年广东省货币基金指数较 2013 年增长了 2.6 倍，平均增长率为 41.2%。横向对比来看，广东省支付业务均高于同期的全国平均水平。但同期全国的货币基金指数增长了 4.3 倍，平均增长率为 67.2%。说明在低风险资产投资增速方面，广东省的增长速度低于全国平均指数增速。具体而言，广东省的货币基金指数在 2013 年位列全国第 6，2018 年下降两位位列全国第 8（表 3-22）。说明广东省虽然在低风险资产投资方面总量大，但后劲不足，增长速度明显不及全国平均增速。

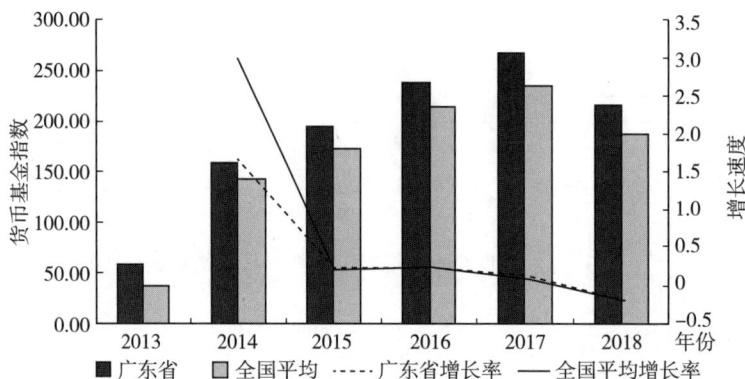

图 3-32 广东省货币基金指数和全国货币基金平均指数及其增长率

表 3-22 2013 年和 2018 年全国 31 个省份货币基金指数排名

排名	2013 年	2018 年
1	上海	上海
2	浙江	浙江
3	北京	江苏
4	江苏	福建
5	福建	北京
6	广东	湖北
7	湖北	安徽
8	天津	广东
9	山东	江西
10	江西	河南
11	安徽	天津

（续）

排名	2013 年	2018 年
12	四川	山东
13	重庆	湖南
14	湖南	西藏
15	海南	四川
16	河南	山西
17	辽宁	海南
18	云南	陕西
19	河北	重庆
20	新疆	河北
21	陕西	广西
22	西藏	黑龙江
23	广西	辽宁
24	山西	云南
25	黑龙江	新疆
26	吉林	吉林
27	内蒙古	青海
28	宁夏	甘肃
29	甘肃	贵州
30	青海	内蒙古
31	贵州	宁夏

（2）广东省各地级市情况

表 3-23 列出了广东省各地级市货币基金指数的发展趋势。可以看出，粤东地区和珠三角地区城市的货币基金指数位居全省前列，粤北地区在第二梯队，粤西地区货币基金指数最低。由表 3-24 可知，2013 年广东省各地级市货币基金指数前十名依次为深圳市、广州市、珠海市、汕头市、潮州市、佛山市、中山市、揭阳市、东莞市和江门市。在这些城市中，属于珠三角地区的有 7 个，粤东地区 3 个（汕头、揭阳、潮州）。但经过这几年数字普惠金融的发展，在 2018 年，广东省各地级市货币基金指数前十名变为了汕头市、揭阳市、潮州市、广州市、深圳市、汕尾市、珠海市、梅州市、东莞市和惠州市。前三名均为粤东地区的城市，梅州市也进入了前十名，位列第 8。前十名有五个非

珠三角地区的城市，说明随着互联网技术的普及，经济较不发达地区的人群能够了解到许多互联网的金融资产，促使他们将传统的储蓄转化为互联网的低风险金融资产。货币基金指数可能是未来缩小广东省普惠金融地区差异的主要因素之一。

表 3-23　2013—2018 年广东省各地级市货币基金指数

地级市	2013 年	2014 年	2015 年	2016 年	2017 年	2018 年
广州市	96.17	198.80	238.07	279.98	297.34	259.54
韶关市	54.99	153.19	189.23	234.64	257.85	224.81
深圳市	98.59	201.66	235.54	271.91	289.73	255.94
珠海市	88.73	186.32	219.79	258.28	272.36	241.54
汕头市	85.46	178.80	219.07	285.17	356.74	287.97
佛山市	80.42	175.00	204.11	247.07	262.89	232.12
江门市	67.16	149.81	190.33	234.47	249.18	223.58
湛江市	51.29	144.40	181.52	232.88	278.34	221.80
茂名市	41.71	133.85	165.69	220.96	247.38	209.98
肇庆市	45.40	142.46	175.08	224.72	249.52	218.12
惠州市	64.40	162.37	197.93	243.32	264.88	232.12
梅州市	60.08	154.51	187.21	241.02	279.75	239.10
汕尾市	49.01	141.76	183.97	243.71	282.03	242.83
河源市	40.20	138.40	177.06	235.88	265.08	228.71
阳江市	44.71	138.53	173.97	222.76	245.02	210.54
清远市	45.81	140.94	171.65	222.83	245.51	212.26
东莞市	73.22	169.99	207.83	247.84	262.69	234.54
中山市	79.38	174.17	208.35	247.07	261.69	228.63
潮州市	81.71	180.54	224.76	276.94	309.08	269.65
揭阳市	74.65	166.61	210.90	275.39	324.41	278.59
云浮市	41.13	132.52	162.16	216.73	256.17	210.16

表 3-24　2013 年和 2018 年广东省各地级市货币基金指数前十名

排名	2013 年	2018 年
1	深圳市	汕头市
2	广州市	揭阳市

（续）

排名	2013 年	2018 年
3	珠海市	潮州市
4	汕头市	广州市
5	潮州市	深圳市
6	佛山市	汕尾市
7	中山市	珠海市
8	揭阳市	梅州市
9	东莞市	东莞市
10	江门市	惠州市

图 3-33 展示了 2013 年和 2018 年广东省各地级市货币基金指数的差异情况。可以看出，2018 年全省各地级市低风险资产投资的地区差异较 2013 年无太大差异。由地区收敛的 σ 收敛速度也可以看出（图 3-34），货币基金指数在 2013 年至 2016 年有所收敛，但在 2016 年后又有所上升，说明近几年广东省低风险资产投资的地区分化仍然较为严重，主要体现在珠三角地区和粤东地区的货币基金指数较高，而粤北和粤西地区的货币基金指数较低。这可能是因为粤北和粤西地区家庭金融知识程度较低，更倾向于以活期或定期存款的方式持有无风险资产，而珠三角地区和粤东地区家庭金融知识程度相对较高，会选择持有债券、余额宝等无风险资产分散自身的投资。

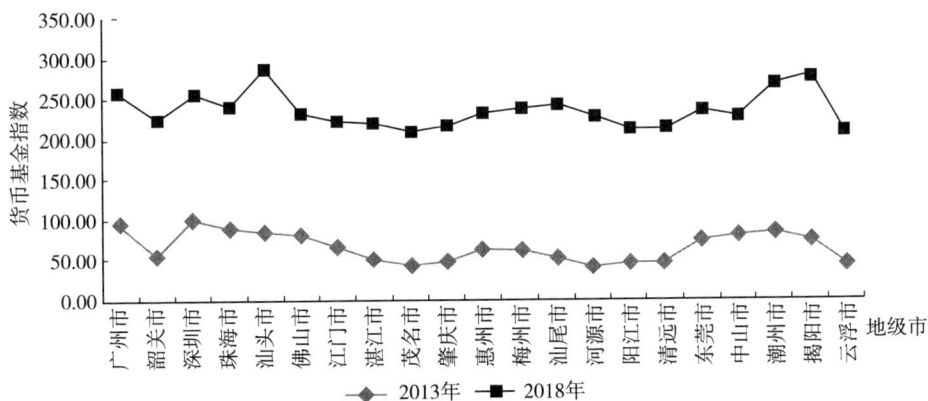

图 3-33 广东省各地级市货币基金指数发展差异

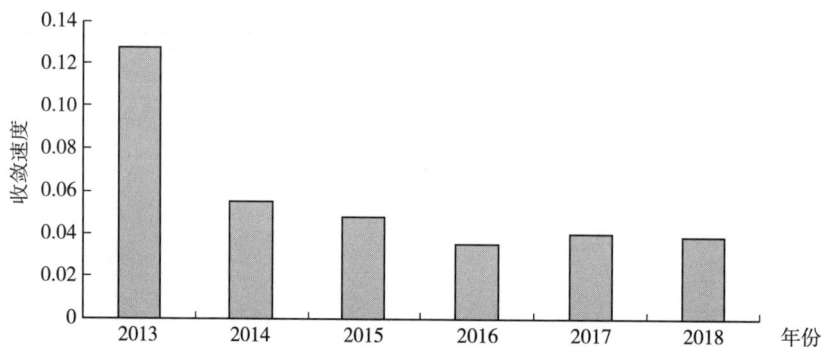

图 3 - 34　广东省货币基金指数 σ 收敛速度

3.5.4　投资指数

（1）广东省总体情况

投资指数是由每万人支付宝用户中参与互联网投资理财人数、人均投资笔数和人均投资金额三个指标加权构造得出。在支付宝上，用户可以购买对应的银行或券商提供的包括定期、基金、股票、黄金等理财产品。一般而言，这些理财产品收益率大于无风险利率，但风险也较大，故该指数可以反映该地区人们投资中高风险资产的情况。

图 3 - 35 展示了广东省投资指数和全国投资平均指数及其增长率。纵向对比来看，2018 年广东省投资指数较 2014 年增长了 4.0 倍，平均增长率为 67.4%。横向对比来看，广东省略高于同期的全国平均水平。但同期全国的投资指数增长了 5.1 倍，平均增长率为 88.2%。说明在中高风险资产投资增速

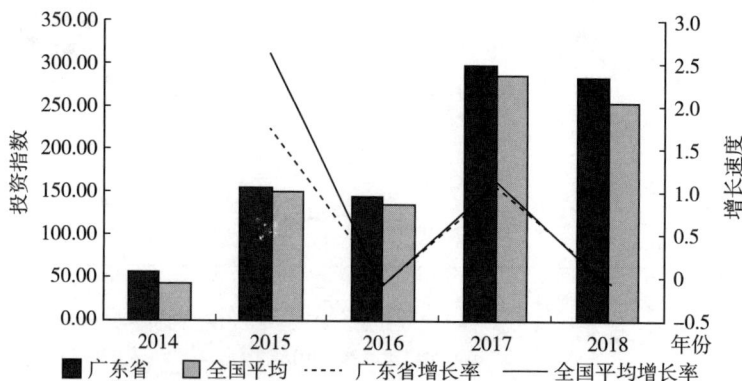

图 3 - 35　广东省投资指数和全国投资平均指数及其增长率

方面，广东省的增长速度略低于全国平均指数增速。具体而言，广东省的投资指数在 2014 年位列全国第 8，2018 年排名没有变动，仍旧排名第 8（表 3 - 25），说明广东省的普惠金融在促进中高风险资产投资方面一直较为稳定。

表 3 - 25　2014 年和 2018 年全国 31 个省份的投资指数排名

排名	2014 年	2018 年
1	上海	上海
2	浙江	北京
3	北京	浙江
4	江苏	江苏
5	安徽	湖北
6	天津	天津
7	湖北	福建
8	广东	广东
9	山东	四川
10	四川	海南
11	江西	云南
12	海南	西藏
13	湖南	重庆
14	辽宁	安徽
15	新疆	湖南
16	福建	山东
17	广西	陕西
18	云南	辽宁
19	重庆	江西
20	陕西	新疆
21	黑龙江	河北
22	吉林	青海
23	河北	河南
24	河南	吉林
25	青海	黑龙江
26	山西	广西
27	西藏	山西
28	宁夏	甘肃
29	甘肃	内蒙古
30	贵州	宁夏
31	内蒙古	贵州

（2）广东省各地级市情况

表 3 - 26 列出了广东省各地级市投资指数的发展趋势。可以看出，在投资指数方面，仍然是珠三角地区发展较好。由表 3 - 27 可知，2014 年广东省各地级市投资指数前十名依次为深圳市、广州市、汕头市、珠海市、中山市、佛山市、东莞市、江门市、韶关市和湛江市。在这些城市中，属于珠三角地区的有 7 个，粤东地区 1 个（汕头），粤北地区 1 个（韶关），粤西地区 1 个（湛江）。而在 2018 年，广东省各地级市指数前十名为广州市、深圳市、珠海市、佛山市、江门市、潮州市、韶关市、汕头市、中山市和东莞市。前十名中仍有 7 个珠三角地区城市，粤东地区 2 个（潮州顶替湛江进入前十，位列第 6），粤北地区 1 个（韶关排名有所上升，由第 9 上升到第 7）。这可能是因为经济发达地区的人们风险偏好程度高，中高风险金融产品需求较大，随着互联网金融产品覆盖面的拓展，人均投资风险资产的参与率和比重上升，而经济落后地区的人们观念保守，仍更偏向于储蓄或投资风险较低的资产。

表 3 - 26　2014—2018 年广东省各地级市投资指数

地级市	2014 年	2015 年	2016 年	2017 年	2018 年
广州市	76.43	149.13	157.92	249.69	233.23
韶关市	65.50	135.95	137.34	224.84	204.24
深圳市	77.71	156.63	156.16	246.05	228.51
珠海市	73.26	149.51	149.96	240.96	221.23
汕头市	74.86	139.41	140.43	222.38	201.63
佛山市	68.91	135.34	146.32	230.10	213.12
江门市	68.11	130.51	143.55	228.48	211.20
湛江市	61.92	133.09	132.63	204.37	179.59
茂名市	39.94	108.42	117.40	190.17	165.74
肇庆市	59.79	133.09	126.22	205.72	187.72
惠州市	57.42	123.11	135.44	211.42	185.36
梅州市	50.79	110.76	127.81	209.68	186.21
汕尾市	23.59	107.71	115.17	193.61	165.78
河源市	46.28	97.05	110.91	194.22	167.87
阳江市	48.39	129.48	134.95	203.36	181.13
清远市	50.96	111.89	125.06	206.50	186.48
东莞市	68.35	141.14	143.91	216.11	193.97

（续）

地级市	2014 年	2015 年	2016 年	2017 年	2018 年
中山市	71.34	142.12	142.84	223.48	198.60
潮州市	58.61	149.78	145.96	228.92	206.45
揭阳市	41.44	123.96	118.44	199.46	175.25
云浮市	56.00	100.87	112.57	202.53	184.59

表 3-27　2014 年和 2018 年广东省各地级市投资指数前十名

排名	2014 年	2018 年
1	深圳市	广州市
2	广州市	深圳市
3	汕头市	珠海市
4	珠海市	佛山市
5	中山市	江门市
6	佛山市	潮州市
7	东莞市	韶关市
8	江门市	汕头市
9	韶关市	中山市
10	湛江市	东莞市

　　图 3-36 展示了 2014 年和 2018 年广东省各地级市投资指数的差异情况。可以看出，2018 年全省各地级市中高风险资产投资的地区差异较 2014 年无太大差异。由地区收敛的 σ 收敛速度也可以看出（图 3-37），投资指数在 2014 至 2017 年有所收敛，但在 2017 年后又有所上升，说明近几年广东省中高风险资产投资的地区分化仍然较为严重，主要体现在珠三角地区投资指数较高，而粤北和粤西地区的投资指数较低。这可能与家庭的风险偏好程度有关，互联网技术的发展能使人们更加偏好风险（张世虎和顾海英，2020），而这一效应在经济发达的地区可能更加显著。随着互联网金融产品差异化程度的增加，更加偏好风险的珠三角地区的家庭会选择投资中高风险的金融产品。因此，发展数字普惠金融需要进一步向民众普及金融知识，引导经济落后地区的居民建立一套系统、科学的"认识风险、理解风险、规避风险、化解风险、超越风险"的风险观念，提高其风险认知意识和风险抵御能力，做出科学、理性的风险决策。

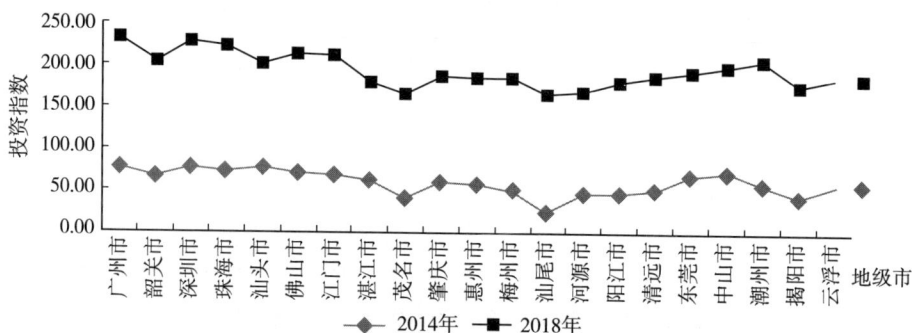

图 3-36　广东省各地级市投资指数发展差异

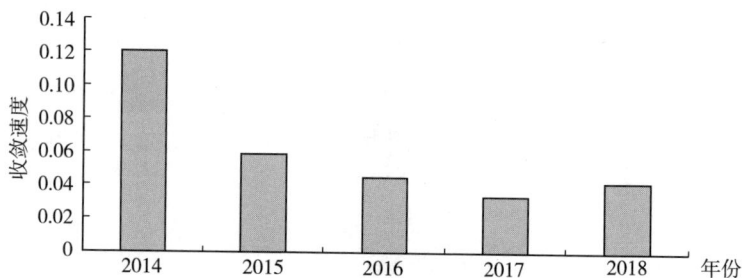

图 3-37　广东省投资指数 σ 收敛速度

3.5.5　信贷指数

（1）广东省总体情况

信贷指数是由每万个支付宝成年用户中有互联网消费贷的用户数、人均贷款笔数、人均贷款金额、每万个支付宝成年用户中有互联网小微经营贷的用户数、小微经营者户均贷款笔数、小微经营者平均贷款金额等六个指标加权构造得出。该指数反映了个人和小微经营者在互联网信贷的情况。

图 3-38 展示了广东省信贷指数和全国信贷平均指数及其增长率。纵向对比来看，2018 年广东省信贷指数较 2011 年增长了 1.2 倍，平均增长率为14.9%。横向对比来看，广东省互联网信贷业务均高于同期的全国平均水平。但 2018 年全国的信贷指数较 2011 年增长了 2.8 倍，平均增长率为 26.3%。说明在信贷业务方面，广东省的增长速度低于全国平均指数增速。具体而言，广东省的货币基金指数在 2011 年位列全国第 1，但在 2018 年已下降到全国第 8（表 3-28）。说明虽然广东省信贷覆盖面和贷款余额的总量较大，但发展

后劲不足，增长速度明显不及全国平均增速。如何实现互联网信贷广度和深度的可持续增长，是广东省普惠金融发展的亟待解决的重要问题。

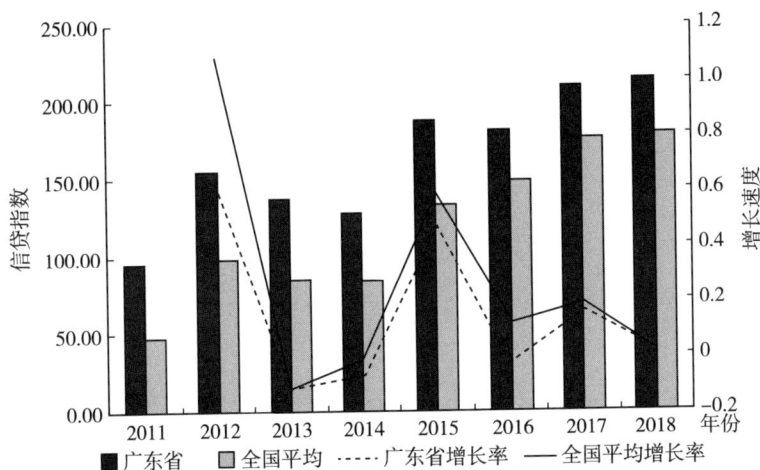

图 3-38　广东省信贷指数和全国信贷平均指数及其增长率

表 3-28　2011 年和 2018 年全国 31 个省份的信贷指数排名

排名	2011 年	2018 年
1	广东	上海
2	浙江	北京
3	上海	浙江
4	江苏	江苏
5	福建	湖北
6	北京	天津
7	湖南	福建
8	山东	广东
9	安徽	四川
10	江西	海南
11	海南	云南
12	湖北	西藏
13	河北	重庆
14	河南	安徽
15	四川	湖南
16	广西	山东
17	天津	陕西

（续）

排名	2011 年	2018 年
18	辽宁	辽宁
19	重庆	江西
20	黑龙江	新疆
21	云南	河北
22	陕西	青海
23	吉林	河南
24	山西	吉林
25	内蒙古	黑龙江
26	西藏	广西
27	贵州	山西
28	宁夏	甘肃
29	甘肃	内蒙古
30	新疆	宁夏
31	青海	贵州

（2）广东省各地级市情况

表 3 - 29 列出了广东省各地级市信贷指数的发展趋势。可以看出，在信贷指数方面，珠三角地区和粤东地区城市的信贷指数较高，而粤北和粤西地区的信贷指数较低。具体来看，2011 年广东省各地级市投资指数前十名依次为深圳市、揭阳市、广州市、汕头市、中山市、潮州市、云浮市、东莞市、佛山市和汕尾市。在这些城市中，属于珠三角地区的有 5 个，粤东地区 4 个（汕头、潮州、揭阳和汕尾），粤北地区 1 个（云浮）。而在 2018 年，广东省各地级市信贷指数前十名为深圳市、广州市、汕头市、揭阳市、中山市、潮州市、佛山市、珠海市、东莞市和汕尾市（表 3 - 30）。前十名中有 6 个珠三角地区城市（珠海顶替云浮进入前十），粤东地区 4 个（汕头、潮州、揭阳和汕尾）。

表 3 - 29　2011—2018 年广东省各地级市信贷指数

地级市	2011 年	2012 年	2013 年	2014 年	2015 年	2016 年	2017 年	2018 年
广州市	90.10	122.89	118.42	112.67	160.85	184.31	187.29	174.84
韶关市	67.70	99.45	90.91	90.30	133.32	167.34	171.13	155.22
深圳市	94.44	128.04	119.76	114.25	158.69	182.95	187.46	176.76

（续）

地级市	2011 年	2012 年	2013 年	2014 年	2015 年	2016 年	2017 年	2018 年
珠海市	66.29	97.95	97.23	94.28	139.18	172.25	176.81	165.92
汕头市	89.49	124.54	115.57	107.41	158.28	182.06	184.06	170.83
佛山市	83.25	110.25	110.37	112.56	156.47	179.52	180.34	166.50
江门市	74.14	105.14	99.19	101.91	145.96	173.25	178.41	160.86
湛江市	68.33	99.06	91.88	89.89	130.71	166.78	169.65	155.74
茂名市	68.29	93.65	88.22	86.58	128.68	166.26	168.78	154.74
肇庆市	65.78	93.91	90.37	87.89	130.26	167.13	169.82	156.82
惠州市	76.96	108.76	102.95	103.25	152.89	177.65	177.69	164.70
梅州市	77.48	105.87	91.61	91.39	133.66	170.38	173.42	159.14
汕尾市	81.12	115.73	102.62	101.91	149.07	178.62	178.43	164.72
河源市	61.10	78.90	81.21	89.24	133.52	167.90	172.68	158.73
阳江市	70.07	106.59	100.46	96.20	143.35	173.12	175.13	160.27
清远市	73.39	94.34	86.24	84.75	128.17	165.62	169.70	155.77
东莞市	83.36	113.27	108.25	104.80	148.26	174.69	176.48	164.76
中山市	86.69	119.45	115.97	114.75	159.66	180.37	178.92	167.74
潮州市	84.62	111.05	103.84	102.42	157.60	183.14	182.35	167.37
揭阳市	93.45	119.24	114.48	106.04	156.58	182.90	183.47	169.08
云浮市	84.44	101.03	94.30	90.64	128.23	164.11	168.18	153.39

表 3-30 2011 年和 2018 年广东省各地级市信贷指数前十名

排名	2011 年	2018 年
1	深圳市	深圳市
2	揭阳市	广州市
3	广州市	汕头市
4	汕头市	揭阳市
5	中山市	中山市
6	潮州市	潮州市
7	云浮市	佛山市
8	东莞市	珠海市
9	佛山市	东莞市
10	汕尾市	汕尾市

　　图 3-39 展示了 2011 年和 2018 年广东省各地级市信贷指数的差异情况。可以看出，2018 年全省各地级市信贷业务发展差异比 2011 年有所下降。由地区收敛的收敛速度也可以看出，信贷指数在 2011 年至 2017 年都有所收敛，说明在信贷指数上广东省的地区差异已逐渐减小（图 3-40）。说明广东省的信贷业务在各地区已逐渐形成趋同之势。缓解低收入人群和中小微企业的信贷排斥是普惠金融发展的重要目标，因此广东省发展普惠金融需要继续加大金融深化力度，缓解低收入人群和中小微企业的信贷约束。

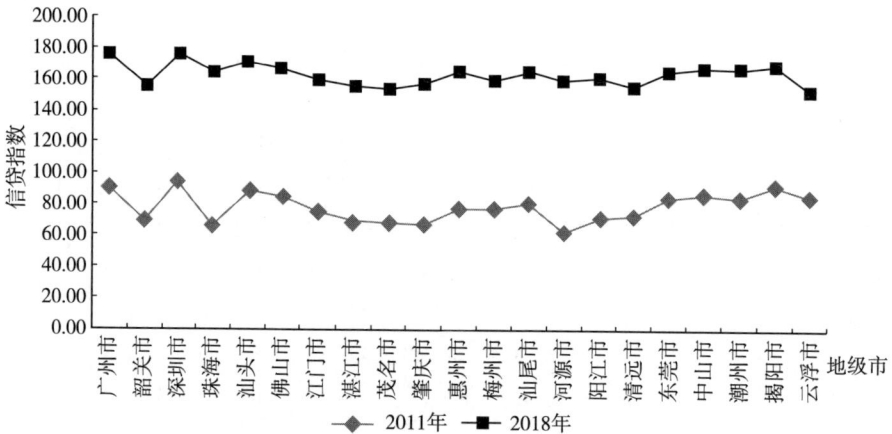

图 3-39　广东省各地级市信贷指数发展差异

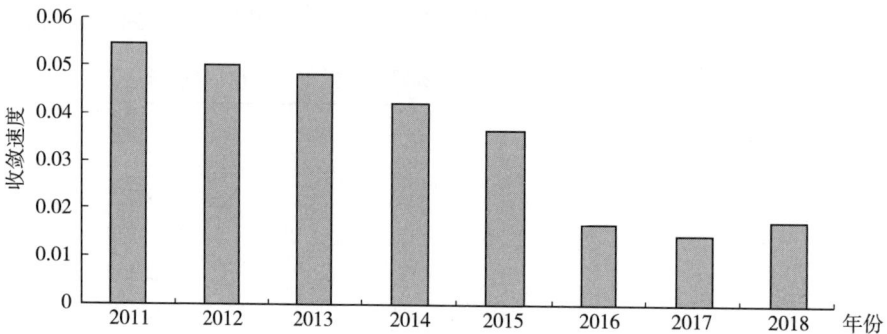

图 3-40　广东省信贷指数 σ 收敛速度

3.5.6　信用服务指数

（1）广东省总体情况

　　信用服务指数指自然人信用人均调用次数、每万个支付宝用户中使用基于信用的服务用户数（包括金融、住宿、出行、社交等）两个指标加权构造得出。信用服务指数可以在一定程度上反映该地区信用体系建设的情况。

图 3-41 展示了广东省信用服务指数和全国信用服务平均指数及其增长率。纵向对比来看，2018 年广东省信用服务指数较 2011 年增长了 4.8 倍，平均增长率为 34.7%。横向对比来看，广东省信用服务指数在 2011 年至 2015 年和同期的全国平均水平大致相同，在 2015 年至 2017 年低于同期全国平均水平，但在 2018 年实现反超。在增长速度方面，2018 年全国的信用服务指数较 2011 年增长了 7.3 倍，平均增长率为 46.9%。在信用服务指数的增速方面，广东省的增长速度低于全国平均指数增速。广东省的信用服务指数在 2011 年和 2018 年均位列全国第 7（表 3-31）。虽然广东省的信用体系建设在初期发展较为缓慢，但近两年发展迅速，增长速度在 2017 年和 2018 年都高于全国平均水平。

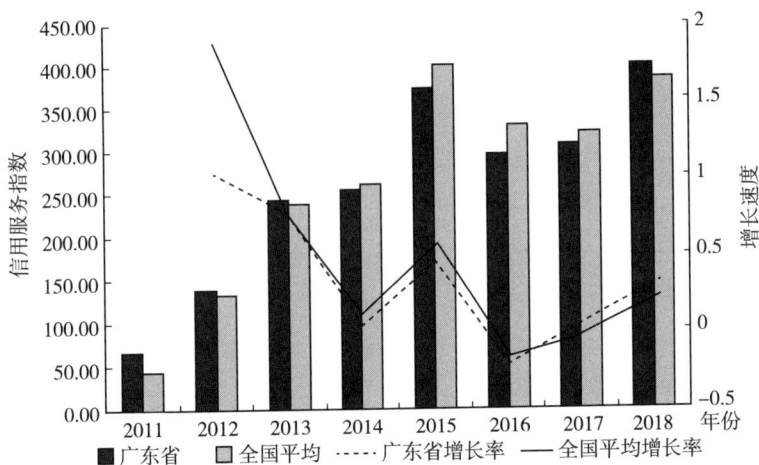

图 3-41　广东省信用服务指数和全国信用服务平均指数及其增长率

表 3-31　2011 年和 2018 年全国 31 个省份的信用服务指数排名

排名	2011 年	2018 年
1	青海	上海
2	甘肃	浙江
3	陕西	北京
4	海南	江苏
5	黑龙江	福建
6	山西	湖北

（续）

排名	2011 年	2018 年
7	广东	广东
8	广西	江西
9	河南	安徽
10	河北	河南
11	贵州	山东
12	天津	天津
13	福建	重庆
14	四川	四川
15	宁夏	湖南
16	内蒙古	广西
17	云南	陕西
18	湖南	吉林
19	山东	海南
20	新疆	云南
21	重庆	辽宁
22	江西	贵州
23	辽宁	黑龙江
24	安徽	河北
25	西藏	西藏
26	北京	山西
27	湖北	新疆
28	吉林	甘肃
29	浙江	宁夏
30	江苏	青海
31	上海	内蒙古

（2）广东省各地级市情况

表 3-32 列出了 2011—2018 广东省各地级市信用服务指数。可以看出，在信用服务指数方面，在 2011 年，非珠三角地区城市的信用服务指数较高，但珠三角地区城市的信用建设速度较快，到 2018 年，广东省各地级市信用服务指数前十名为深圳市、广州市、佛山市、中山市、东莞市、江门市、珠海

市、茂名市、梅州市和肇庆市（表 3－33）。前十名中有 8 个珠三角地区城市。除了珠三角地区外，梅州和茂名的信用服务指数进入了前十。

表 3－32　2011—2018 年广东省各地级市信用服务指数

地级市	2011 年	2012 年	2013 年	2014 年	2015 年	2016 年	2017 年	2018 年
广州市	59.03	98.48	173.59	155.80	227.67	222.80	251.38	302.14
韶关市	60.71	114.59	175.12	154.61	237.24	260.24	261.09	282.10
深圳市	57.19	102.99	173.81	152.26	223.94	215.94	246.82	308.25
珠海市	54.82	101.81	173.10	173.92	236.40	256.61	268.30	287.36
汕头市	68.96	117.46	176.60	147.13	224.25	222.30	246.57	282.30
佛山市	60.46	113.10	186.45	161.49	232.82	216.06	251.64	300.55
江门市	67.93	107.72	169.95	177.93	233.59	235.77	245.81	288.49
湛江市	82.36	115.01	177.57	154.65	241.00	261.89	259.93	274.22
茂名市	71.26	117.11	175.98	155.46	242.21	262.44	269.25	284.80
肇庆市	59.74	113.51	156.03	176.74	240.91	251.99	264.36	283.59
惠州市	61.74	112.47	184.95	154.76	233.11	232.87	249.49	281.61
梅州市	44.63	100.48	180.01	165.65	237.02	253.30	262.42	284.39
汕尾市	82.29	126.06	177.50	156.50	236.45	245.56	264.50	276.84
河源市	64.74	112.97	171.68	155.91	245.05	272.99	259.95	272.04
阳江市	55.41	116.30	162.13	150.45	237.96	231.92	250.10	280.07
清远市	71.13	120.09	162.57	211.81	248.03	260.78	261.25	281.64
东莞市	55.76	98.98	165.14	159.14	228.75	230.45	254.69	289.37
中山市	60.60	108.81	176.13	144.36	229.23	218.24	246.60	291.83
潮州市	73.83	118.76	178.82	150.46	239.11	241.55	246.15	280.96
揭阳市	73.35	111.30	185.33	147.29	222.98	214.49	234.89	281.48
云浮市	88.40	135.95	177.55	156.15	232.09	258.13	261.16	278.41

表 3－33　2011 年和 2018 年广东省各地级市信用服务指数前十名

排名	2011 年	2018 年
1	云浮市	深圳市
2	湛江市	广州市
3	汕尾市	佛山市
4	潮州市	中山市

（续）

排名	2011 年	2018 年
5	揭阳市	东莞市
6	茂名市	江门市
7	清远市	珠海市
8	汕头市	茂名市
9	江门市	梅州市
10	河源市	肇庆市

图 3-42 展示了 2011 年和 2018 年广东省各地级市信用服务指数的差异情况。可以看出，2018 年全省各地级市信用服务业务发展差异比 2011 年有所下降。由地区收敛的 σ 收敛速度也可以看出（图 3-43），信用服务指数总体上有所收敛，说明在信用体系建设方面广东省的地区差异已逐渐变小。

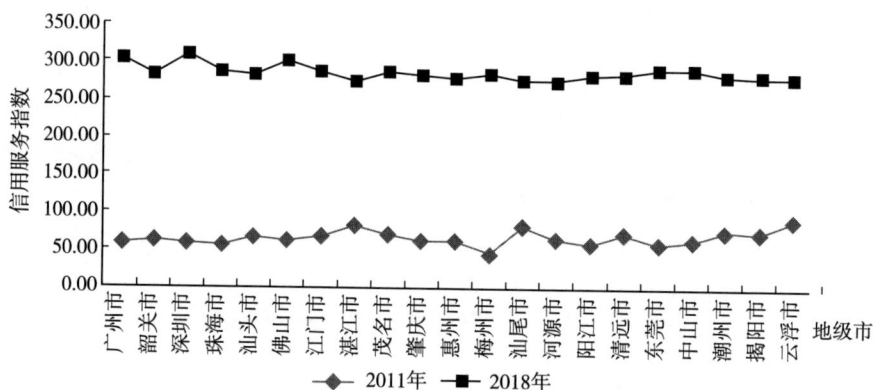

图 3-42 广东省各地级市信用服务指数发展差异

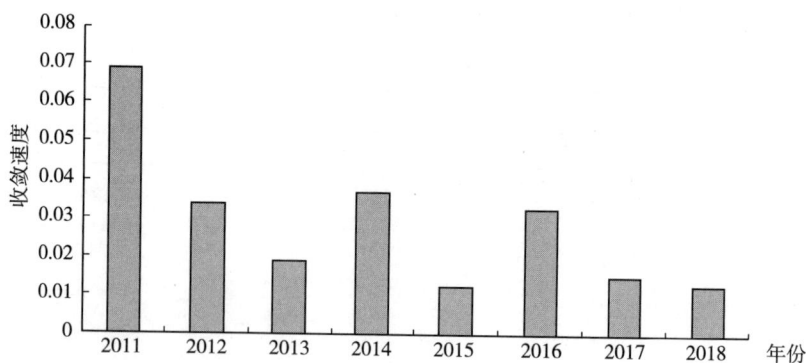

图 3-43 广东省信用服务指数 σ 收敛速度

3.6　总结

随着《广东省推进普惠金融发展实施方案（2016—2020 年）》等政策的出台，近年来广东省普惠金融基础设施、支持性服务、涉农产品和组织等建设都有了一定成效，主要体现在：第一，传统普惠金融和数字普惠金融指数稳步上升，且均位于全国前列；第二，数字普惠金融的覆盖广度和使用深度远大于同期全国平均水平；第三，支付、保险、货币基金、投资和信用服务指数也均位于全国前十；第四，普惠金融指数、数字普惠金融指数及其分指标都有所收敛，广东省各地区之间的普惠金融发展呈现收敛的态势。

尽管如此，通过普惠金融指数的分析，广东省在发展普惠金融过程中仍存在以下问题：第一，普惠金融指数增速较低，传统普惠金融指数增速低于全国平均水平，而数字普惠金融增速大致与全国平均增速持平，说明广东省需要进一步探索普惠金融发展的增长动力。第二，尽管广东省地区之间的普惠金融指数有所收敛，但从绝对值看，珠三角地区和非珠三角地区发展不平衡。珠三角区域的普惠金融程度最高。珠三角属于城市经济、文化、教育中心，又毗邻我国香港国际金融中心，拥有较多的金融资源和产业集聚。粤东地区的普惠金融发展程度次之，经济特区汕头可能通过自身的辐射效应，带动了潮州、揭阳等城市的普惠金融发展。而没有核心城市带动的粤西、粤北地区的普惠金融发展水平较低。第三，珠三角区域内部发展不均衡。深圳、广州的普惠金融发展程度与其他珠三角地域的城市发展水平也存在一定差异，表明珠三角区域内部经济、金融能力辐射也不均匀。第四，普惠金融发展程度高低与当地的经济发展水平密切相关。深圳、广州经济发展水平较高，普惠金融的程度也较高，二者可能存在正相关关系。这可能是因为，经济发展水平高，可以给金融提供良好的资金资源和市场需求，风险的承担能力也较高。第五，城市地理位置的分布对普惠金融的影响十分显著。沿海地区城市普惠金融水平普遍较高，粤西和粤北的大部分城市在广东省内陆地带，属于经济欠发达地区，而珠三角毗邻港澳，又占有沿海交通的区位优势，金融发展程度明显更高。

4　广东省普惠金融的典型案例与模式

4.1　广东普惠金融的典型模式：金融产品

为了全面推动广东省普惠金融发展，实现乡村振兴，广东省政府、金融监管机构以及金融机构积极创新普惠金融产品，推出了一系列具有广东特色的普惠金融产品。

4.1.1　农地经营权抵押贷款

按照国家统一部署，广东省在梅州市蕉岭县、清远市阳山县、肇庆市德庆县、云浮市郁南县、湛江市廉江市、云浮市罗定市、清远市英德市等 7 个县（市）先行开展农村土地经营权抵押贷款试点。同时，在广东省委、省政府高度重视和大力支持下，还成立了广东省"两权"抵押贷款试点工作指导小组，统筹推进农村"两权"抵押贷款试点工作，并组织各单位分工协作、密切配合，积极开展试点各项工作，在制度建设、确权颁证、产权交易平台搭建、抵押价值评估和抵押贷款发放等方面取得了一定进展。

（1）农地经营权抵押贷款工作成效

第一，制度创设与实践创新。省政府印发了《广东省农村承包土地的经营权和农民住房财产权抵押贷款试点实施方案》；省金融办等部门制定出台了《2016 年广东省普惠金融"村村通"建设实施方案》和《2017 年广东省普惠金融"村村通"建设实施方案》等；省银监局会同人民银行广州分行、省保监局等单位转发了《农民住房财产权抵押贷款试点暂行办法》和《农村承包土地的经营权抵押贷款试点暂行办法》，要求各试点地区政府加快推进"两权"确权登记、流转、评估和处置等配套工作，建立贷款风险补偿基金，完善"两权"抵押贷款风险缓释和补偿机制，并要求各市、县级地方法人金融机构制定"两权"抵押贷款管理制度及实施细则。此外，省银监局重点督促试点地区法人银行业金融机构结合实际，制定"两权"抵押贷款试点的管理制度及实施细则，逐步完善"两权"抵押贷款业务操作流程，支持有关地区先行先试开展"两权"抵押贷款业务。其中包括：①探索开展"农地抵押＋"农作物或机械设备抵押贷款、"农地抵押＋"支农再贷款以及"农地抵押＋"保险等组合式信贷模式，加快发放农村承包土地的经营权抵押贷款；②结合当地实际，找准突破口，围绕农业产业化开展贷款试点。如罗定市将农村承包土地的经营权抵押贷款试点与农业产业链金融工作相结合，选择稻米、花卉、花生等农业产业，优先以农业企业、合作社、种植大户为贷款对象，以产业化为切入点稳步开展抵押贷款业务。

第二，完成确权登记颁证。省国土资源厅牵头有关部门于 2011 年 7 月全面启动农村集体土地所有权确权登记发证工作，截至 2013 年 5 月底，全省基本完成将农村集体土地所有权确权到每个具有所有权的农民集体经济组织任务，其中，全省乡镇（联合总社）一级应发证宗数和发证面积完成率分别为98.1％和98.9％、行政村（联合社）一级完成率分别为 96％和97.3％；村民小组（经济社）一级完成率分别为 99.4％和99.5％。省政府于 2014 年 4 月 29日部署启动全省农村土地承包经营权确权登记颁证试点工作以来，各级农业部门积极履行牵头职责，主动作为，统筹协调推进农村土地承包经营权确权工作取得了阶段性成效，截至 2017 年 4 月底，全省确权实测耕地面积 2 249.2 万亩，占国土"二调"耕地面积的 61.6％，颁发承包经营权证书 489 836 本，其中蕉岭、廉江、德庆、英德、阳山、郁南、罗定 7 个开展农地经营权抵押贷款试点地区确权实测耕地面积占国土"二调"耕地面积分别为 87.6％、91.7％、184.8％、76.0％、71.5％、98.0％、62.7％。

第三，搭建产权交易平台。省委农办、省农业农村厅等单位按照职能分工牵头指导各地加快农村产权流转管理服务平台建设等相关工作，为土地流转、合同管理、信息公开、产权评估、金融对接等提供服务与支持。目前全省（不含深圳市）共建成县级农村产权流转管理服务平台 132 个，镇级平台 1 441 个，实现了县、镇两级农村产权流转管理服务平台全覆盖。此外，全省各地还依托农村产权流转管理服务平台，建立各类土地经营权流转服务平台 1 204 个。

第四，建立市场化价值评估服务机制。截至 2016 年末，有 7 个试点地区引进第三方评估机构，建立市场化的"两权"价值评估服务机制；截至 2017年 3 月底，广东农村土地经营权抵押贷款试点地区累计发放农村土地经营权抵押贷款 2.24 亿元。下一步，省农业农村厅将根据广东省农村承包土地的经营权抵押贷款试点部门分工安排，积极履职尽责，主动配合省有关部门加快建立完善"两权"价值评估的专业化服务机制，指导试点地区做好专业评估工作，切实减少贷款违约风险。同时，积极配合相关部门扎实推进流转交易平台建设、价值评估、抵押登记等"两权"抵押贷款基础工作。省银监局等部门将进一步督促银行简化申贷手续，优化办贷流程，通过建立绿色通道、设立专业团队等方式，进一步提高办贷效率，及时为借款人提供信贷资金支持，切实惠及"三农"、服务"三农"。

（2）农地经营权抵押贷款典型模式

第一，"农户—银行"的直接模式。这种模式着意于放松土地承包经营权的自由流转限制，在信贷过程中让村镇银行直接面对农民。当前，省农业农村厅已经在广东河源、肇庆、云浮试点开展土地承包经营权的登记确权工作，试点区域目前正逐步完善土地承包经营权的抵押登记、颁证确权等规定，下一步由所在地的村镇银行在营业范围内开展土地承包经营权抵押贷款推广。

第二，"农户—担保公司/人—银行"的间接模式。如华润村镇银行保证贷款和东莞"农地贷"产品。肇庆德庆华润村镇银行目前采用这种保证贷款的比例已经接近七成，其保证贷款产品的具体设计是：村镇银行与借款户（农户）及保证人签订一份借款合同、一份"象征性"农村承包土地流转合同、一份保证合同，由保证人提供保证担保。一旦发生贷款违约，由借款户的保证人先行赔付，承包土地的处理方式由保证人、贷款人、借款人三方协商。而东莞"农地贷"产品则是由当地政府出面出资成立担保公司作为担保中介，农户将土地承包经营权作为反担保物抵押给担保公司。这一产品设计的典型特点是银行不需要农户向其抵押土地承包经营权，而担保公司作为媒介，直接成为银行信用风险对象。

第三，"农民—村集体—银行"的间接模式。如梅县客家村镇银行开展集体土地使用权办理抵押贷款、中山小榄村镇银行"农地贷"信贷产品。具体而言，在梅县，当投资者租用本村集体土地创业、开厂、经商遭遇资金瓶颈时，投资者可以提出贷款申请，集体土地出租方——村集体作为保证人，以其获得的集体土地使用权租金收益作为担保，村镇银行、借款人（投资者）、保证人（村集体）三方签订借款合同、保证合同以发放贷款。此类产品有助于盘活农村存量土地资产。梅州的梅县和蕉岭县2013年底已基本完成农村土地所有权确认工作，下一步按计划将开展土地评估和流转试点。而在中山，集体土地抵押贷款，即授信申请人可以以其名下或第三方名下的集体土地（包括土地上的建筑物）作为抵押物取得授信，从而帮助本地农民解决"三农"生产或创业中所遇到的融资难题。区别于其他土地抵押产品，该产品无须担保公司的介入，只要经过社区居委会的确权，并经过村镇银行的审批，就可以申请到宅基地市价 50％额度的贷款，从而降低了农户的融资成本。至 2013 年 11 月末，其"农地贷"产品已经向 8 名农户授信总额达到 930 万元。在获得抵押品所在发包方（即村集体）同意后，流转双方协商一致进行抵押登记，农户即可申请土地承包经营权抵押贷款。土地流转进一步规范化，流转各方权属明确，避免未来纷争。本产品设计的初衷是当农户无法偿还贷款，村镇银行获得农村承包土地的使用权，并通过出租等方式获得收益以清偿贷款。

第四，集体土地使用权质押。如中山古镇南粤村镇银行的集体土地使用权质押。银行对质押土地具有使用权，如地上加盖厂房获取租金。古镇镇政府和古镇所属行政村的村委均设有风险基金，分担了部分风险。同时企业租用的集体土地在当地村委会的担保下也可以质押。此时投资者认为集体土地具有投资价值，如租用 20 年、每年向村委缴纳 20 万租金，村委累计拥有 400 万租金收益。当投资者前期加盖厂房出现资金短缺时，村委可以利用集体土地获得的长期收益作为抵押，帮助投资者向银行申请贷款。此项业务从 2013 年 8 月开始试点，目前签下 7 笔贷款，共计 100 多万。

（3）农地经营权抵押贷款存在的问题

广东村镇银行在农村集体土地使用权抵押贷款试点中，发挥了重要的支农助农作用，有助于长期困扰农村金融的贷款瓶颈问题加速破冰。然而原中央农村工作领导小组副组长、办公室主任陈锡文指出土地承包经营权、宅基地使用权现行法律下不能抵押，虽允许在规定范围内试点，但目前绝对不允许普遍化。究其原因，目前面临的具体问题包括：

第一，我国现行国家层面法律的禁止性规定，使得土地承包经营权抵押产品存在较大法律风险。我国土地承包经营法、物权法、担保法等现行国家层面法律都明令禁止土地承包经营权抵押，广东省出台了一些效力性较低的地方性规章允许土地承包经营权抵押试点，但这种规范性文件根据《立法法》不得与效力更高的国家法律相抵触，因此有效性、稳定性都有很大疑问。因此，即使已经开始了土地承包经营权抵押业务，试点的村镇银行仍然面临着很大的法律风险，有违反金融机构"安全合规"经营原则的嫌疑。

第二，土地承包经营权的经营不稳定性强，收益较低。在世界范围内，农业，特别是传统农业都是弱质性产业。农业与工业、服务业等相比较，生产效率相对低下，投入产出比差，而且，农业生产受气候、自然灾害等影响很大，由于人类对大自然的控制力差，即使大棚技术、滴灌技术等新技术在农业生产中得到了大规模的运用，在可见的将来很长一段时间内，农业生产都呈现波动大、不稳定等特点。而且，农业生产的产出随投入到一定程度达到峰值后，产出增加值迅速递减甚至绝对值下降。农业的生产效率在三大产业中是最差的。这也为村镇银行开展土地承包经营权抵押带来不利因素，导致村镇银行的积极性不高。

第三，土地承包经营权评估机制缺乏。广东南粤村镇银行进行土地承包经营权抵押试点过程中，首先面临的问题就是借款户（农户）提供用作抵押物的土地承包经营权如何作价。村镇银行作为贷款人，金融产品的供给方，在土地承包经营权的经营、作价方面往往并不在行。尤其是农村土地经营权的评估作价与城市国有土地使用权评估作价有很大不同，需要专业机构介入。因此，培育中立、专业的农村土地承包经营权评估机构，建立土地承包经营权评估机制，有助于弥合借贷各方矛盾，降低借贷交易成本，优化资源配置。

第四，土地承包经营权流转市场不完善，抵押物变现难。我国土地承包经营权流转市场的培育刚刚开始展开，仍然处于初级阶段，存在信息供给不充分、管理不规范、行业自律差等不足，市场发育得相当不完善。土地经营权抵押贷款违约发生后，抵押物转让、变现的障碍很大，风险不易把握。借先行先试的机遇，广东农地抵押创新走在全国前列。然而碍于制度和细则不够明晰，有意愿并实际运作土地承包经营权抵押贷款的村镇银行寥寥无几。虽然绝大部分的村镇银行对农村信贷创新持积极的态度，但并非没有顾虑。目前只在风险未知、政策走向不明的情况下，大多数村镇银行只能进行小范围试点探索，从问题中及时调整，待时机合适再集中推广。据梅州市金融局介绍"本地农村土地承包经营权早已在暗地里流转，很多外出打工的农民已经将耕地有成本或无成本流转给同村人"。据了解，梅州两家村镇银行截至 2013 年底共发放 31 笔总计 1 200 万元的土地经营权抵押贷款，申请成功率超过六成，且目前并无不良贷款产生。

4.1.2　生猪活体贷款

为拓宽生猪企业融资渠道，促进生猪养殖业稳产保供和绿色转型，2019年 10 月，在肇庆银保监局的积极推动下，肇庆市农业农村局联合中国人民银行肇庆市中心支行率先探索推出"生猪活体登记＋保险保单＋银行授信"的金融扶持模式。由中华财险提供政策性生猪保险保单为企业增信条件，依托市农业农村局作为可靠第三方对生猪活体提供动态记录保障，并利用保险公司带生猪标注的保单系统共同防范二次抵押风险，对肇庆市益信原种猪场有限公司4 000头母猪进行"活体抵押"，发放生猪扩产帮扶专项贷款500万元，授信额度提升至3 000万元，成为广东省首笔生猪活体资产抵押贷款。

（1）生猪活体贷款工作成效

第一，用科技手段支持普惠金融服务。目前，广东银行业生猪贷款，主要以住房、土地或猪舍设备等为押品，不仅受众少，且金额难以做大，很难满足当前生猪养殖企业和养殖户的资金需求，养殖资金缺口仍然较大。而生猪养殖企业最有价值的生猪资产却因为"抵押登记难、价值评估难、资金监控难"三大难题，难以用于抵押获取银行信贷资金支持。解决上述痛点问题的办法，就是科技赋能、金融助力。广东省农信联社积极引进区块链溯源技术，即广州码上服农信息科技有限公司的"真知码"技术，通过对生猪个体进行身份识别，让每头生猪都有一个"真知码畜禽身份证"耳标，构建动态数据库、打造"码上服农平台"，形成生猪从出生、交易、防疫、保险、评估、确权、抵押、贷款，到销售、还款的全过程大闭环，确保生猪可溯源，切实解决了信息不对称、金融征信不足的痛点问题，为创建支持生猪恢复生产、保障供应的金融服务生态奠定了基础。

第二，用创新工具实现生猪活体抵押贷款。在"真知码"溯源技术的基础上，广东农信开发推出"广东农信真猪贷"生猪活体抵押信贷产品，专门为生猪产业提供融资服务，促进生物资产实现金融产品化，切实解决活体资产抵押难问题。从2020年8月开始，广东农信以惠州、清远、湛江农商行作为试点，创新推出运用真知码溯源技术的生猪活体抵押信贷产品。省农业农村厅向各地市农村农业局印发文件支持开展"真知码"畜禽活体抵押贷款试点，在地市政府农口部门、试点农商行、养殖户、饲料商以及真知码技术提供方的通力合作、共同努力下，试点工作取得了积极成效。这是区块链溯源技术在农村金融服务领域的一次有益尝试，也标志着生物资产真正实现了金融产品化，对于解决活体资产抵押难问题，激活农村"沉睡"资产，缓解农村地区"抵押难、贷款难"具有重要意义。

第三，用普惠方式加大对生猪生产支持力度。在试点的基础上认真总结经验、加大工作推广力度，让"真猪贷"真正惠及广大养殖户，实现稳产保供、增产增收，达到惠农、惠企、惠猪的目的。通过"广东农信真猪贷"，生猪企业最高可以按当前生猪市场价值的50%向农商行申请融资，即一头猪可以申

请约 2 000 元左右的贷款，比目前每头猪平均不到 200 元的贷款额度，提高了
10 倍左右，大大满足了生猪企业的融资需求，达到惠农、惠企和惠猪的目的。
以试点机构清远农商行为例，短短两个多月，通过这个产品有效带动支持生猪
企业贷款 3 亿元，带动生猪养殖 15 万头，占到全市生猪存栏的 10%。截至
2020 年 11 月末，全省农商行（农信社）生猪养殖及相关产业贷款余额 67 亿
元，其中直接支持生猪养殖贷款 43 亿元，支持养殖户 8 416 户。此次产品发
布会之后，将在全省农商行全面推广"真猪贷"，计划给予生猪养殖业 100 亿
元授信支持，在现场已有生猪企业意向授信超过 50 亿元。

广东农信联社此次推出的"真猪贷"产品，所创建的"区块链＋金融＋征
信"的金融支农业务实践属于全国首创，在国内实现生物资产金融产品化方面
迈出了革命性的步伐，是制度创新和技术创新双结合、为城乡融合发展"增信
扩资"的有效尝试和典型示范。在省农业农村厅的指导下，省农信联社打算将
该实践推广复制到牛、羊、鸡、鸭、鹅等重要农产品，为广东省农产品全产业
链高质量发展插上金融助力的"翅膀"，为保障粮食生产、促进乡村振兴提供
金融支撑。

（2）生猪活体贷款典型模式

2020 年 4 月，肇庆市进一步出台《关于加大金融支持肇庆市生猪养殖业
稳产保供和绿色转型的指导意见（试行）》（以下简称《指导意见》），首次从政
策层面创新推出生猪活体抵押融资模式，规范形成"一备案、双登记、三保
障"的生猪活体抵押融资模式。

"一备案"解决生猪活体私自处置风险。为有效防止生猪企业未经贷款银
行同意私自变卖、处置抵押生猪活体，《指导意见》紧抓生猪企业出售生猪活
体前需到基层畜牧兽医部门申请出具《动物检疫合格证明》的流程节点，要求
肇庆市金融机构和生猪企业达成生猪活体融资意向的，可共同先后到镇级、县
（市、区）级畜牧兽医部门办理生猪活体抵押融资备案。对于完成备案的生猪，
生猪企业承诺不申请办理《动物检疫合格证明》，畜牧兽医部门也暂不为完成
备案的生猪出具《动物检疫合格证明》。

"双登记"解决生猪活体重复抵押融资风险。生猪活体为新型动产融资抵
押物，目前国内动产抵押登记在不同区域操作上存在差异，为有效避免生猪活
体重复抵押融资，《指导意见》明确提出，肇庆市银行业机构通过人民银行
"动产融资统一登记公示系统"，以及市场监督管理局"全国市场监管动产抵押
登记业务系统"，进行生猪活体抵押融资双重登记公示，确保贷款银行优先受

偿权益。

"三保障"有效提升了银行业务创新积极性。一是建立生猪活体抵押融资保单增信机制。生猪活体具有一定的患病死亡风险，导致抵押物灭失，影响银行机构业务积极性。《指导意见》建立融资保单增信机制，通过贷款银行、生猪保险承保公司和保险公司三方合作，将作为融资抵押的生猪活体保险受益人由生猪企业变更为银行，实现融资增信。二是建立生猪活体抵押融资信息共享机制。当前生猪养殖有较为严格的防疫、环保等要求，养殖场是否在禁养区内、是否具备有效的粪污处理设施、是否在畜牧兽医部门备案、是否有购买政策性保险等情况信息，都是银行机构贷款风险评估的重要参考。《指导意见》建立融资信息共享机制，在基层畜牧兽医部门、保险公司和银行机构间实现生猪养殖、融资、投保等相关信息共享，为银行开展贷款风控提供支撑。三是建立生猪活体抵押融资激励引导机制。《指导意见》提出融资激励引导机制，包括人民银行对生猪融资业务推广成效明显的金融机构，将优先给予再贷款、再贴现等货币政策工具的倾斜支持，并在信贷政策效果评估、银行业金融机构综合评估等考核中酌情加分；对于符合条件的生猪活体抵押贷款，将给予企业财政贴息；对恶意逃废生猪活体抵押贷款行为加大打击力度，强化对失信生猪企业的联合惩戒等。

（3）生猪活体贷款存在的问题

第一，融资风险分担渠道有待拓展。目前生猪活体抵押融资主要通过保单增信实现风险分担，缺乏其他有效贷款风险分担渠道，贷款金额主要根据保险金额核定，基本与生猪活体保险金额持平。但由于生猪政策性保险金额往往明显低于生猪市场价格，导致生猪活体抵押贷款金额与生猪市场价相差较大。

第二，融资抵押活体处置机制有待完善。在生猪活体抵押融资出现违约的情况下，如果银行按照一般贷款抵质押物处置流程处置生猪活体，流程较为烦琐、耗时较长，其间银行除需额外支出费用聘请养殖人员管理生猪活体，还存在错过生猪最佳出售期、因管理不当造成生猪活体死亡等多个风险，导致生猪活体处置变现出现损失，无法充分实现银行债权，也无法最大程度保护生猪企业权益。

第三，融资流程信息化程度有待提高。目前银行从畜牧兽医部门、保险公司等调取贷款生猪企业有关信息开展贷前贷中贷后调查，以及银企双方共同办理生猪活体抵押融资备案，需要经办人员往返多次"跑动"才能完成，缺乏信息平台和科技手段支撑，不利于提升融资效率，降低融资成本。

4.1.3 其他特色金融产品

（1）生蚝贷

为有效解决辖内惠东县渔民在生蚝养殖过程中融资难的问题，惠东农商银行因地制宜，充分发挥支农主力军的作用，针对当地生蚝养殖产业创新推出具有当地特色的"蚝宝贷"信贷产品，为当地蚝农提供优质的信贷支持和服务，助力当地"产业兴旺"。

该产品主要给予蚝农用于购买蚝苗、蚝排搭建、支付人工费用及其他与养殖生蚝所需的经营支出。相较于其他信贷产品，其创新之处在于：一是创新贷款担保方式以及突破贷款额度，有效化解农户贷款抵押物不足的问题。"蚝宝贷"以信用、联保为主要担保方式，其中以信用方式的单户最高授信金额可达8万元，以联保方式申请的单户最高授信金额可达20万元，大大突破原来农户小额信用贷款最高3万元的限额。二是优化农户信用等级评定机制，设立三层评定机构，分别是村民小组协评机构、村委协评机构及贷款机构协评机构；农商行内部成立专业化信用等级及授信管理队伍，缩短审批流程、实行流程化规范操作。根据信用等级给予农户授信，具有"一次核定、随用随贷、循环使用"的特点。三是创新贷款管理模式，在贷款管理过程中，该行与当地村委会签订补充协议，让村委协助监督及管理。在生蚝收成销售时，要求村委提前通知贷款机构信贷人员，对其资金回收进行有效监控，当贷款出现拖欠本息时，要求村委对贷款进行协助清收管理，充分发挥村民自治组织的作用。四是提出更为严格的风险控制措施，做好风险防控关。当一个村委会的"蚝宝贷"贷款整体不良率超过2％时，惠东农商银行将全面停止贷款发放，直到将不良率压降至2％范围内，并将借款人的违约情况在当地进行公示；充分利用当地村委会的地缘、人缘优势，加强"蚝宝贷"逾期贷款的清收工作。

自"蚝宝贷"推出后，该行累计发放"蚝宝贷"贷款311笔，金额合计3 243万元；目前存量117笔，余额合计1 450.19万元，有效解决了当地生蚝养殖业融资难问题，支持当地生蚝养殖业的可持续发展。

（2）文旅e贷

受新冠肺炎疫情影响，住宿、景区、旅行社、文化娱乐场所等均按下"暂停键"，文旅行业整体发展遭受重创，资金和资源缺口激增。2020年3月4日，佛山市文广旅体局在《关于印发支持文广旅体企业复工复产十条措施的通知》中提出，要适时举办全市文旅项目金融对接活动支持各类金融机构设立文旅支行，面向文旅中小微企业创新金融产品，拓宽融资渠道。为了帮助文旅行业渡过难关，3月30日，农行佛山分行与佛山市文化广电旅游体育局、广东股权交易中心签订"山河无恙，文旅同春"佛山市文化金融战略合作暨"文旅e贷"框架协议。农行佛山分行对受疫情影响的文广旅体企业坚决做到不抽贷、不断贷、不压贷，通过多种方式做好融资接续安排，保障企业资金需求，精准帮扶民营、中小微文广旅体企业。

"文旅e贷"针对文广旅体企业的特点，创设了线上线下9个不同的产品，具有五个方面的特点：一是融资成本低，"文旅e贷"产品享受国家和农行的普惠金融信贷政策和优惠利率，年化利率最低仅为3.91%；二是专项额度足，企业可根据实际所需申请授信额度，最高可达1亿元，100亿元"文旅e贷"能全面满足广大文广旅体企业的融资需求；三是覆盖范围广，"文旅e贷"产品能全面覆盖文化、广电、旅游、体育行业不同企业的融资需求，涵盖信用、质押、抵押等不同担保方式，确保满足企业多样的融资需求；四是放款速度快，"文旅e贷"操作简便，能根据企业需求线上线下灵活办理，线上申请最快两个工作日内实现放款；五是团队专业性强，农行"文旅e贷"产品专业服务团队，由分行领导牵头，并指定专业支行办理，确保能为文广旅体企业提供高效、优质、快速、全面的专业金融服务。为扩大产品宣传，农行佛山分行依托网络和自媒体渠道，采用地毯式网状营销，通过发动全体员工微信、朋友圈，以及在相关的共联单位进行"文旅e贷"推广，扩大社会群众对该产品的关注，以及加深客户对产品的了解。为提高服务效率，该行主动做好对接，在各区设置了专门的联系人和服务网点，对有融资需求的文广旅体企业做到第一时间接到融资需求、第一时间对接跟进。同时，该行强化业务培训，以成功营销投放的客户作为案例，采用"以点带线、以线带面"的方式组织全行客户经理学习，将产品营销推广思路、工作要求、政策导向、营销技巧等传导到基层营销人员，及时解决操作中的疑点和难点，有效提升了营销成效。据统计，农行佛山分行已发放贷款31.65亿元，支持抗疫企业7家，发放贷款7531万元；支持复工复产的企业598家，发放贷款30.9亿元。

（3）"医护e贷"

在这抗击疫情的特殊时期，一线医护人员扑在前线，参与防控救治，更有人挺身而出参与援鄂，担当"最美逆行者"。为感恩医护人员的付出，并更好地满足医护人员消费需求，助力抗击疫情，农行为参与抗疫的医护人员等客户群体提供"网捷贷"专属优惠服务，推出了创新金融产品"医护e贷"。该项服务对象为疫情治疗定点医院、二级甲等（含）以上医院以及受相关单位派遣异地援助抗击疫情的医护人员，在单位工作一年（含）以上的正式员工，年满22周岁且不超过59周岁的员工，贷款额度最高30万元，通过掌银进行申请，线上审批，即时到账。

农行佛山分行紧抓机遇，先后准入佛山市第一人民医院、佛山市中医院、佛山市第二人民医院、佛山市妇幼保健院、三水区人民医院、高明区人民医院等15家二甲（含）以上医院；组织支行进行业务培训及工作布置，指导各支行立刻转至所有网点，针对各大医院开展精准营销。截至4月23日，农行佛山祖庙支行营销佛山市两家三级甲等医院3名医护人员"医护e贷"业务，合计金额80万元，并成功实现分行首笔"医护e贷"投放。农行佛山祖庙支行表示，收到客户申请资料后，该行为医护人员开通业务绿色通道，启动快速审批流程，以医护专享最优惠年利率3.99%成功为客户发放分行首笔"医护e贷"，从受理到放款仅历时3天，顺利及时地为医护人员解决资金需求。

此外，在助农扶贫方面，农行佛山分行深入贯彻落实上级行的决策部署，助力解决新冠肺炎疫情带来的贫困地区农产品滞销等问题，向全行发出倡议动员广大员工购买52个贫困县农产品。该行广大员工积极响应，纷纷开展农行掌银"扶贫爱心购"活动。其中，辖属华达支行利用午餐时间在支行饭堂开展"扶贫爱心购"农产品试吃活动，发动员工积极参与，品尝美味，现场使用农行个人掌银扫码登录掌银进行采购。新颖的试吃活动现场，结合商城的爆款产品推荐，充分激发了员工的购买热情。近一个月时间，农行佛山分行线上线下购买扶贫产品达120 389元。

（4）农房管控风貌贷

2020年8月12日茂名建行发放全省首笔农房风貌管控提升贷款，茂名市通过农房风貌提升贷款将金融活水引向乡村市场，有力支持乡村振兴发展。具体做法如下：一是直接补助。由金融机构开发"风貌贷"信贷产品，按每户不超20万元的额度进行贷款，财政资金按贷款额15%进行一次性奖补。二是利息补助。金融机构贷款产生的利息由财政资金补助20%。三是实行奖补。市财政每年安排5 000万元作为奖补资金，先完成先奖补，未启动不奖补。为降低贷款风险，引入保险机构参与，由市财政出资对相应的贷款产品购买保险，逾期贷款由银行和保险公司按2∶8比例分担。

截至2021年3月底，共发放农房风貌贷60笔，贷款余额700多万元。省委常委叶贞琴同志亲笔批示予以充分肯定茂名的这项金融工作，为全省其他地区全面拓展乡村金融业务提供可复制可推广的"茂名经验"。

（5）银电贷

为贯彻落实党中央、国务院关于做好"六稳"、"六保"的战略部署，扎实推进"稳企业"、"保就业"工作，加强信用信息共享，拓展"粤信融"平台数据采集和应用，创新供电营商环境，着力解决中小微企业融资难题。2020年9月4日，人民银行高州市支行与广东电网有限责任公司茂名高州供电局（以下简称"高州供电局"）联合举办了高州市银电信用建设合作框架协议签署仪式暨金融支持稳企业保就业工作推进会。

邮储行高州支行、高州农商行结合企业的用电量、电费缴交的及时性等用电信息，针对企业融资面临的各种难题，创新银电信贷产品。邮储行高州支行、高州农商行分别与用电量大、用电记录良好的企业代表进行授信签约。现场共授信4家企业，授信金额达2 270万元，成为高州市首批基于企业用电信用记录授信的贷款。银行在贷款审批中将高州供电局提供的相关信息作为重要参考依据，对缴费信用良好、用电量大的企业在资金额度、期限、利率上予以优惠，对欠缴电费的企业则相应进行限制，并依据企业的电费缴纳情况和用电量等数据进行产品创新，开发各种基于电力行业信用信息的信用类信贷产品。

此模式不仅有利于贯彻落实党中央"六稳"、"六保"战略部署，助力高州经济发展，更是帮助企业获得信贷融资，优化高州信用环境和金融生态环境的有效措施。

（6）政银保

为进一步深化供给侧结构性改革，加大金融支持实体经济和对"三农"的投入力度，有效缓解"三农"和中小微企业融资难问题，高州市与银行、保险公司等金融机构合作（简称"政银保"合作），创新"政银保"合作模式，缓解"三农"和中小微企业融资难问题。"政银保"贷款产品通过银行与政府、担保公司三方合作，银行和合作保险公司以授信形式向政府审核通过并予以推荐的贷款户进行贷款调查、评估及审核后发放贷款和提供担保，而政府出资贴付利息及支付担保费。

具体做法如下：

第一，设立"政银保"风险金500万元，设立"政银保"风险金专户，用于保障中小微企业和农户向合作银行申请免抵押和免保证金的贷款，专户管理，专款专用。

第二，明确"政银保"贷款对象及条件。在当地合法生产经营、符合当地环保标准、无不良信用纪录等条件下均可申请成为贷款对象。

第三，建立"政银保"合作信用贷款监管保障机制。首先，建立贷款风险叫停机制。合作银行合作信用贷款年度不良率超过5%，合作保险公司合作信用贷款业务年度损失赔付金额达到年度保险保费总额150%时，暂停业务办理，待指标下降到管控范围内后，再报批重启。其次，建立业务监管机制。及时对合作银行进行专项检查防范信贷风险，并督促合作保险公司及时理赔。再者，建立银保信息交换和工作配合机制。合作银行按时将业务受理、客户信息、授信决策、贷款发放、贷款逾期等情况与合作保险公司共享，保持密切合作。最后，建立借款人失信惩戒机制。大力开展信用宣传，同时采取切实有效的措施密切配合，防控化解贷款风险，对恶意欺诈、逃废债务等失信行为进行有效的惩戒和制约。

此模式通过"政府＋银行＋保险"多平台的合作，构建既免抵押但又能有效控制和分散风险的合作信用贷款体系，是一项惠农政策。不仅有效缓解农业经营主体融资难、融资贵的问题，大大增强了新型农业经营主体、种养大户的生产积极性；而且有利于信息共享，多方监督，形成良好的信用环境。

（7）渔船抵押贷款

电白区是广东省海洋捕捞示范区，博贺港是广东最大、全国十大渔业港口之一。近年来当地加快推进现代渔业建设，电白掀起"改木建钢"的渔船更新改造热潮。渔船经营周转资金需求较高，当地渔业发展面临巨大资金缺口。传统信用、联保方式的小额农贷已经难以满足渔民资金需求。在此背景下，电白区金融机构结合渔民资金需求及行业特点，创新推出渔船抵押贷款产品，切实解决了渔民融资难的问题。渔船抵押贷款是针对渔民开发的贷款产品，是指借款人或者第三人不转移对渔船的占有，将渔船作为贷款的抵押品，经渔政部门登记，由贷款机构向借款人发放的抵押贷款。借款申请人只要具备捕捞经验，信誉良好，生产经营情况正常，渔船证照齐全，均可办理用于渔船购置、更新改造大修、捕捞设备购置等的贷款。

此外，金融机构还成立了专门机构，对渔船抵押贷款的办理开设绿色通道，如电白区农村信用合作联社设立了"三农"贷款专营中心、邮政储蓄银行电白支行设立了渔业贷款中心。贷款申请、贷前调查、审查审批、签订合同、抵押登记、渔船投保、贷款发放等整个流程一般能在5天内完成。

(8) 客家村镇银行精扶贷

2016 年 3 月，广东省召开并部署了全省扶贫开发的精准扶贫、精准脱贫工作会议，要求金融部门加大政策扶持力度来解决贫困户资金需求，帮助自筹资金有困难的贫困户享受银行业金融机构的精准扶贫小额信贷、双联贷和妇女小额贷款等农村信贷产品。为顺应客户需求和响应政府号召，2016 年 7 月，客家村镇银行创新开发并推出了梅州市首个为建档立卡贫困人口提供金融支持的精准扶贫专项贷款（"精扶贷"）——为贫困户量身定做的以信贷资金支持贫困群众增收脱贫的特惠金融信贷产品。

精准扶贫专项贷款的贷款发放和扶持对象主要为梅州地区有劳动能力、有就业创业潜质的建档立卡贫困户，为其提供 3 年以内单笔在 5 万元以下的免抵押、免担保的基准利率贷款。与此同时，梅州地区的农业龙头企业、养殖专业户或者农村经济合作社等中小微企业只要每帮助一个贫困户参与就业就能够申请获得 20 万的"精扶贷"授信额度，但每个企业最高可得到 200 万元的精准扶贫专项贷款。精准扶贫专项贷款申请的条件和流程较为简单，首先申请人能够符合且出具县级以上扶贫部门所提供的贫困户建档立卡的证明；其次申请人要有劳动、就业和贷款意愿；最后村镇银行的工作人员会去申请人现场做实体调查。调查结果符合以上要求的条件，客家村镇银行会以最快的时间向贫困户发放贷款。

在开展成效方面，2016 年 7 月，客家村镇银行在梅州市五华县安流镇文葵村签约发放了梅州市首笔精准扶贫专项贷款，为安流镇提供授信 2 000 万元的精准扶贫专项贷款额度，宣传精准扶贫专项贷款优惠政策，并为文葵村有资金需求的 3 户建档立卡的贫困户各发放了 5 万元的免抵押、免担保且利率低的精准扶贫专项贷款。据了解，截至 2017 年 3 月，客家村镇银行已在文葵村发放精准扶贫专项贷款 413 万元，积极助力该村贫困户通过创业就业脱贫致富。客家村镇银行依托精准扶贫专项贷款这款特色农村金融产品，通过与贫困地区的政府签订金融扶贫合作协议，构建了银行、政府、产业和贫困户四位一体合作的精准扶贫金融创新模式。这不仅为贫困农户增收提供强劲有力的金融扶持，有效地发挥了农村金融产品创新在扶贫攻坚中的助推作用，还促进了贫困地区的经济社会发展。

(9) 客家税融通

中小企业融资难、融资贵一直是发展普惠金融亟待解决的问题。目前，大部分银行业金融机构只能通过人民银行内部的征信系统这单一的信用凭证来评定一个企业的信用状况。为了增加企业信用评定标准来有效解决梅州地区中小微企业融资难、融资贵的问题，梅县客家村镇银行股份公司和梅州市国家税务局、梅州市地方税务局、梅州市中企融资担保公司共同推出了梅州市"客家税融通"创新服务项目这一新型的政银企合作模式，将纳税企业的纳税信用等级情况与贷款融资有机结合在一起。金融机构可以向税务部门了解企业近两年的纳税信用评定状况，作为信贷审批的基础。

"客家税融通"业务的贷款对象客户为成立且实际经营 2 年以上或从事本行业 3 年以上的中小微企业，且企业无不良纳税记录，近 2 年按时足额缴纳国税、地税，且上一年度纳税总额在 5 万元以上。符合以上贷款条件的企业可根据融资需要向客家村镇银行提出贷款申请，银行通过税务机关提供的平台获取申请企业近 2 年的纳税人信用等级评定结果，并结合该企业的年纳税额、资产负债率、信用记录等情况作为融资和银行授信的重要依据和审批基础，提供相应额度的客家税融通贷款，最高授信额度可以是企业所缴所得税的 7 倍。

多方联合创新推出的"客家税融通"金融产品，展现了纳税信用平台体系的一个新价值体现，搭建了金融机构和税务部门合作之桥。"客家税融通"不仅能帮助面临发展瓶颈的中小微企业解决融资困境，而且能倡导以信养信的信贷理念，并在社会上彰显守信激励和失信惩戒的纳税信用价值。

（10）客家林权易宝

梅州市地处粤北山区，林地面积达 1 800 多万亩，位居广东省第四，2012年起掀起的集体林权制度改革浪潮也让梅州林下经济得到了蓬勃发展。但是，许多涉林企业的发展面临缺乏资金支持、抵押贷款限制多导致融资难、产业链短等难题。为了使林业资源得到合理且充分利用、推动梅州市林业可持续发展，客家村镇银行向本地林企和林农创新推出了"客家林权易宝"这一客家特色农村金融产品，给梅州地区林企和林农提供了强大的资金支持。

客家村镇银行通过创新林权抵押贷款模式，与林业产权流转服务平台网络运作方展开战略合作，双方合作研究设计了林业信贷产品——"客家林权易宝"金融产品，协助指导林农林权申请林权抵押贷款并授予授信额度。"客家林权易宝"的产品对象为在林业产权流转服务平台实现林权流转的涉林企业和林农。经过平台对抵押的林地进行现场勘察并由专业的资产评估机构所出具的资源调查报告进行价值评估，最后流转平台根据项目的特点、银行放贷政策和客户需求出具评估报告、推荐函或担保函，客家村镇银行与贷款申请人签订贷款合同和抵押合同后放款，林企和林农最高可以获得评估价 30％的贷款额度。

2014 年 10 月，客家村镇银行与广东梅龙农林产权流转服务有限公司签订了战略合作协议。广东梅龙农林产权流转服务有限公司是梅州林业产权流转服务平台网络建设和运作方。客家村镇银行授予流转服务平台 1 亿元用于开展林权抵押贷款业务的授信额度。2014 年，流转平台与客家村镇银行授予的林权抵押贷款业务融资金额为 4 200 万元，至 2015 年 7 月，该平台已完成 35 宗林权流转项目，流转面积约为 14.36 万亩，完成林地、林木评估 55 宗。和客家村镇银行一同协助 15 家企业开展了林权抵押贷款业务，融资金额达 8 640 万元。"客家林权易宝"作为客家村镇银行拓宽林权抵押担保物范围的一项创新产品，不仅拓宽了村镇银行农村金融产品的市场服务范围，而且有效解决了农村林权抵押品有限所导致的贷款难问题，促进了梅州林业经济的蓬勃发展。

可见，为了推动广东省普惠金融发展，政府、金融监管机构、各正规金融机构都不断进行产品创新，更全面、便捷地惠及小微企业、农户等金融市场长尾客户，并取得了一定工作成效，真正地实现金融普惠。

4.2 广东普惠金融发展的典型案例：金融机构

农村金融是推动农业产业结构调整的重要力量。广东省农村金融体系在曲折的重构、调整过程中不断发展，已经形成了涵盖政策性金融、商业性金融、合作性金融的多层次农村金融体系，在农业供应链金融领域也取得了一定的成效。在普惠金融的探索实践中，许多措施与模式取得了显著的成效。

4.2.1 政策性金融

中国农业发展银行主要任务是以国家信用为基础，以市场为依托，筹集支农资金，支持"三农"事业发展，发挥国家战略支撑作用。在经营过程中，现已形成三大支农品牌——乡村振兴、脱贫攻坚、粮食收购，并以国家农业发展战略为导向，切入农业供应链，为农业发展提供金融服务，已经或正在开展的业务模式有如下几种：

（1）政策性银行+地方政府/农业产业化龙头企业

以中国农业发展银行湛江分行为例，在服务乡村振兴方面，一是支持政府主持的各类大小项目建设，如东海岛大开发、海东新区扩容提质、广东北部湾农产品流通综合示范园区等 12 个项目建设；二是积极为当地的国家农业发展建设基金项目争取配套资本金，累计投放基金 8.65 亿元；三是对接地方政府，支持"一带一路"、振兴粤东西北发展战略等重点战略，支持"海上丝绸之路"的始发港徐闻港的进港公路项目；四是支持农业产业化企业实现农业产业化经营。

2016 年至今，该分行累计投放 0.4 亿元贷款支持湛江地区国家级产业化农业企业开展饲料生产。在脱贫攻坚方面，该分行积极推进政策性金融扶贫，对接特色产业扶贫、教育扶贫等，重点对接湛江市 218 个贫困村居环境建设，推进贫困地区农村路网建设；支持农村土地整治项目、棚户区改造等城乡一体化建设项目贷款，自 2016 年以来，该分行累计投放 45.53 亿元。在粮食收购方面，支持粮食收储工作，保障地方粮食安全，2016 年至今，该分行累计投放粮食收储贷款 11.72 亿元。

农行湛江分行围绕"跨县集群、一县一园、一镇一业、一村一品"的现代化农业产业体系，顺应乡村融合、产业融合发展趋势，不断加大融资模式、结算模式等的创新，支持现代农业产业园、农业龙头企业、农产品加工流通、供应链产业链、县域工业企业和高端制造业等，推动农业高质高效和乡村融合发展。农行湛江分行不断创新金融服务方式，完善专业化金融产品服务模式，充分运用互联网、大数据、人工智能等金融科技优势，相继推出"红橙贷"、"菠萝贷"、"种粮贷"、"火龙果贷"、"花卉贷"、"扶贫 e 贷"等惠农 e 贷产品，持续为广大农民提供普惠、快捷、高效的金融服务，让农民足不出村即可实现在线申贷、用款、还款，享受优惠利率，有效解决农户担保难、融资贵等问题，助力农民增收、农业增效和农村发展。此外，该行积极推进农户信息建档工作，为符合条件的农户提供线上贷款，满足其生产经营和消费融资需求。截至2020 年末，该行"惠农 e 贷"余额达 12.06 亿元，助力超 4 000 户农户发展、农业生产，实现增收致富。

现代农业产业园的发展是乡村振兴的"牛鼻子"，也是湛江现代农业的特色和竞争优势。针对现代农业产业园发展特点，农行湛江分行出台差异化信贷政策，按照"一园一团队一服务方案"标准，创新推出"农园实施主体贷"、"农园微 e 贷"等专项信用贷款产品，在客户分类、评级、授信额度、担保管理、政府增信等方面，进一步放宽客户准入标准和融资条件，解决担保难问题。截至2020 年末，该行已为 6 个省级现代农业产业园设立专项资金账户，为省级现代农业产业园内的各类经营主体近 767 户发放贷款 10.17 亿元。另外，为充分发挥省级财政补助资金的引导作用，规范产业园项目建设和资金管理运作，农行湛江分行接入产业园资金监管系统，为辖内 4 个产业园 50 个实施主体开立财政资金补助账户并推送监管系统。截至 2021 年 5 月末，该行"三农"贷款超 180 亿元，惠农 e 贷余额高达 15 亿元，有力支持了 4 000 多户农户生产经营发展。

（2）银行＋政府＋企业

以农业政策性银行的独特优势，在国家粮食安全、粮食全产业链发展、粮食流通体系建设等领域为合作企业提供优惠、高效、专业的服务。如中国农业发展银行东莞分行与东莞穗丰粮食集团有限公司合作十多年，累计向公司投放政策性优惠资金超过 60 亿元，直到现在农发行仍然是该公司的唯一贷款行。农发行东莞市分行向穗丰粮食集团有限公司投放 3 亿元龙头加工企业粮食购销流动资金贷款，用于支持企业收购小麦。随着全国逐步复工复产复学，为恢复小麦加工生产、保障粮食供应、稳定市场价格，企业急需资金继续购入小麦。该行主动与企业联系，积极与上级行汇报有关信息，有效满足了企业的采购资金需求。该笔贷款的投放是全力支持国家粮食安全工作，配合代储地方储备企业小麦轮换粮源，助力穗丰粮食集团有限公司解决受疫情影响出现的资金缺口问题，该行表示，将进一步夯实服务"三农"事业发展基础，积极发挥好农业政策性银行的作用。东莞穗丰粮食集团有限公司连续多年成为农发行总行黄金客户，逐步成为行业的龙头，并闯入全国面粉行业 50 强，被农业农村部、财政部、商务部等联合评定为"国家农业产业化重点龙头企业"，还被国家有关部门指定为国储小麦定向销售企业。

在此基础上，还分别与东莞市深粮物流有限公司、东莞益海嘉里粮油食品工业有限公司、东莞市富之源饲料蛋白开发有限公司签订"银企合作协议"。规划在粮油供给、物流、加工、进出口、国际贸易融资等全产业链方面提供全方位金融服务。

（3）银行＋政府＋非银行金融机构

如韶关市政府、粤财控股有限公司、中国农业发展银行广东省分行充分发挥地方政府的政策资源优势、粤财控股的多金融工具优势和农发行的政策性信贷资金优势，通过共选合作支持对象、共同分担贷款风险、共同管理贷款项目，正式建立起乡村振兴战略金融服务合作模式。

4.2.2　商业性金融

（1）中国农业银行广东省分行

第一，惠农 e 通平台模式。农业银行广东省分行在构建普惠金融体系过程中，将互联网金融作为重点，搭建互联网金融服务三农的"惠农 e 通"平台，融合网络融资、网络支付结算和农村电商，在探索中逐渐构建起一个围绕农业龙头企业、职业农民等农业经营主体的农村金融服务网络。针对产业链、龙头企业、供销社等推出"惠农 e 贷"系列模式。运用互联网和大数据技术，通过批量采集内外部数据建立信贷模型，实现系统自动审批、农户快捷授信的农户贷款，为经销商和其上下游的生产农户提供综合融资服务。该分行与天禾农资、温氏集团合作，创新推出"天禾农资惠农 e 贷"、"温氏集团养殖户惠农 e 贷"两种信贷模式，可为每个农户提供 30 万元的贷款。

江门是广东省农业大市，以新会陈皮闻名遐迩。受陈皮产业缺乏抵押物、收益不稳定、抗风险能力差等因素制约，陈皮产业经营者常常遇到"融资难"问题。为此，广东农行于 2016 年 6 月在新会创新推出"陈皮贷"产品，主要面向陈皮产业经营者提供新会柑种植，陈皮产品加工、仓储和销售等方面的信贷资金。截至目前，该行已累计发放"陈皮贷"6 000 多万元，为新会陈皮产业发展注入了新鲜"血液"。随着"互联网＋"的推进，为更好地促进江门陈皮产业发展，广东农行在"陈皮贷"的基础上升级推出"新会陈皮 e 贷"。该产品是通过批量导入授信白名单方式建立起的一种高效信贷模式，自助用信、随借随还、申请便利、时效性强，最大的亮点是纳入白名单的客户通过网上银行或手机银行操作，5 分钟就可以获得贷款。"新会陈皮 e 贷"可以批量导入授信白名单，系统自动审批、客户便捷用贷——自助用信、随借随还、申请便利、时效性强。

第二，"信贷资金＋农担公司保证担保＋企业＋产业基地＋农户"扶贫模式。农业银行广东省分行与广东省农业担保有限公司合作，落实与广东省扶贫办的战略合作协议，银政合作助推贫困人口脱贫。目前该分行在全省已有 13 家分行、36 家支行与当地扶贫办签订扶贫合作协议，与广东省农业担保有限公司合作业务也覆盖到 19 个地市。采用"信贷资金＋农担公司保证担保＋企业＋产业基地＋农户"模式，由广东省农业信贷担保公司提供保证担保。如陆河县通过这种模式，向新发园林绿化公司发放 400 万元贷款，用于建设麦湖村园林苗圃基地产业，带动建档立卡贫困户增收，为 20 户贫困户解决土地闲置问题，为 10 个贫困户解决就业问题。

（2）邮政储蓄银行广东省分行

2018 年，中国邮政储蓄银行升格为国有大型商业银行。邮储银行在全国范围内拥有超过 4 万个营业网点，远远高于工商银行的 1.6 万个，农业银行的 2.3 万个，建设银行的 1.5 万个，中国银行的 1.06 万个和交通银行的 3 000 多个，显示出了其对基层的强渗透力。邮政储蓄银行广东省分行在支持"三农"发展方面以精准扶贫为切入口，切实做到"真扶贫、扶真贫"。以清远为例，邮政储蓄银行立足于网络、技术与资金优势，已经建设了 9 个"村邮乐购电商基地"，在培养农村电商人才，让特色农产品走出去，带动更多的贫困户实现脱贫致富方面发挥了积极作用。同时，充分利用扶贫小额贷款，紧紧围绕贫困地区、贫困人口最直接、最现实、最紧迫的金融需求上给予了多项定向倾斜政策。截至 2018 年 9 月末，邮储银行广东省分行向国家级及省级建档立卡贫困户和产业扶贫发放的金融精准扶贫贷款余额 15.91 亿元，2018 年净增 10.32 亿元。

(3) 农村商业银行广东省分行

龙门县水稻种植产业的高效发展离不开当地金融贯穿全产业链的服务。从种植过程中的种子培育、专业合作社种植和技术服务，到后续的稻谷加工、大米品牌创建及销售的全流程，龙门的金融机构从多节点、多主体入手，形成了对水稻种植产业全链条的支持。从种植过程中的种子培育、专业合作社种植和技术服务，到后续的稻谷加工、大米品牌创建及销售的全流程，龙门的金融机构从多节点、多主体入手，形成了对水稻种植产业全链条的支持。

龙门农商行等县级法人机构在选择服务方式时就会更多地考量风险因素。龙门农商行在总结了过去资产质量后发现，他们更擅于管理个人信贷，龙门农商行在服务专业合作社的种植环节时，更多的还是选择合作社作担保，向社员发放小额低息信贷，以分散贷款确保分散风险。据不完全统计，2016 年至 2018 年，龙门农商行累计向水稻合作社社员农户发放贷款 530 万元。而针对合作社等新型经营主体，截至 2021 年 8 月底，在人行龙门中支窗口指导下，当地银行机构共进行了 862 万元的信贷投放，更多的是针对其加工环节的发展。

随着对标准化种植要求的提升和人力成本的上升，农业生产经营主体对农资服务的关注程度越来越高。针对广东这边农田病虫害防治的特殊性，子轩农资贸易有限公司尝试购入无人机进行农药喷洒服务，取得了不错的市场反响。子轩农资贸易有限公司于 2016 年在公司初次购入 6 架单价在 25 万元的农业无人机时，公司获得了来自龙门农商行 90 万元贷款，覆盖了大部分成本。而如今，用无人机进行农药喷洒在龙门县的水稻种植中已较为常见，农商行以资金注入农资服务，在帮助农户节约人力和农资成本、深化产业链分工的同时，也更清楚地了解到各主体对病虫害这一当地农业生产重要影响因素的控制力度。

另外，龙门大米"线上"知名度的提升也有当地金融系统的贡献。作为县域机构，龙门农商行向广东农信系统"鲜特汇"电商平台，推荐了龙门县的优惠农产品。到 2021 年 8 月份，龙门县共有 45 家商户的 84 件农产品上架，这进一步支持了龙门大米并打通了区域市场。

（4）广东郁南勿坦模式

广东郁南勿坦模式（以下简称郁南模式）是将地方政府、金融机构、扶贫开发帮扶单位、龙头企业和农户五个经济主体有机结合起来的新的小额信贷模式。该模式做法是：县级政府牵头和村委会配合开展信用村建设，首创县级综合性征信中心平台，创设政府贷款担保公司，扶贫开发办和帮扶单位发起创立扶贫担保基金及扶贫贴息基金，开展了创建"征信中心＋公司＋农户＋银行"、"征信中心＋水果协会＋农户＋银行"农业产业化的信贷模式。这种模式是随着农村经营体制改革深入不断摸索改革的动态过程。郁南模式的主要特点：这种模式体现了政府扎实地做好基础性工作，建立农村社会信用体系，建立县级综合性征信中心平台，依托政府和社会力量建立信贷担保公司和担保基金，有效解决了金融机构与中小企业、农户间的信息不对称，降低了金融机构贷款成本和贷款风险，降低农户小额信贷融资成本，提高了贷款成功率和金融服务效率，真正做到强农富农的政府公共服务型职能。这种模式还做到金融机构、龙头企业、农户的市场化信贷合作模式，中国农业银行和郁南农信社与温氏集团、富康公司等龙头企业合作，发放农业龙头企业贷款，开展"公司＋农户＋银行＋担保＋贴息"信贷模式。

这种模式正常运行的重要前提：政府持续做好综合征信系统服务，扶贫帮扶基金可持续供给；农户积极生产和扩大经营规模，农村资源产权明晰化。这种模式是在农村经营体制改革和地方政府大力推动背景下形成的，地方政府做足社会信用和政策扶持，做好信用村建设，做好农户和企业征信工作，设立担保基金和贷款担保公司，将财政资金运用前移，有效地发挥财政财务杠杆效应；农村经营体制改革中不断明晰土地经营权、林权和集体山地、荒地、矿产资源的权属，农户柑橘、黄皮等果业规模种植，养殖户的鸡、鸭、猪、鱼的规模养殖，桉树等规模种植等都为这种模式成功运行提供了重要基础和保障。但是，扶贫开发帮扶单位经常变动，扶贫担保基金和贴息基金不可持续，"金融＋扶贫基金＋农户"小额扶贫担保贷款难以为继。"征信中心＋公司＋农户＋银行"虽然在一定程度比传统小额信贷模式更科学、更合理化，但也仍然存在龙头企业的经营风险和信贷风险问题。

（5）京东

在农村战略农业供应链领域，只有在工业品下乡和农产品进城形成完整闭环的时候，再切入金融，才能使金融服务嵌入到产业链的各个环节。京东的做法是：首先，通过京东商城、京东采销、农产品进城体系来打造产业链闭环，再逐步走出去，与其他的全产业链企业进行金融、信息等领域的合作。其次，抓住"三农"的发展趋势，遵循循序渐进的发展方式，在金融服务方面尊重当地农业发展规律和农村金融需求，尽量满足所有符合当地农业生产经营周期、产业链发展趋势的需求，继续做产业链延伸。最后，打造满足"三农"发展的平台。目前，京东农村战略平台的建设已经在进行中，该平台整合京东内部所有农业领域的资源，如农资电商、农产品电商资源等，建成四大产品线：乡村消费金融、农业生产金融、农村理财以及农产品众筹。乡村消费金融，京东电商下乡的体系已经相对成熟；农业生产金融，拟借助原有的电商下乡体系，与行业内的大型机构合作，打通销售渠道和产业链，进行风险控制；农村理财，将支付和理财结合，改变农民的积蓄要么是存在当地邮储信用社，要么是通过民间借贷借出的单一、低效、高风险的模式，满足农户对更便捷更高收益的理财产品的需求。农产品众筹，通过平台向消费者推介带有公益性质又有宣传效应的优质农产品。

（6）广东粤垦农业小额贷款股份有限公司

广东粤垦农业小额贷款股份有限公司针对垦区农户资金需求与金融服务难以有效对接的现实瓶颈，积极研究探讨垦区金融服务方式革新，构建基于金融普惠的金融服务架构，近年来，在形成农村金融服务模式、理顺快捷筹资通道、推进农户个性化融资品种设计等方面作出了一定成效。

第一，设立驻村金融服务站，实现金融支持终端延伸。为了实现金融支持终端向农场、农村的延伸，使垦区农户在足不出垦区的情况下就能享受到金融服务，广垦小贷公司在垦区设立了金融服务站，站站到村，同时以金融服务站为平台组建金融服务团队，向垦区农户提供包括融资服务、结算服务、产销对接、金融法规、理财投资、保险等类型的金融服务。首个金融服务站于2016年7月在湛江火炬农场正式挂牌，并根据农户实际需求逐渐拓展服务范围、挖掘服务深度，在火炬农场金融工作站的经验指导下，广垦小贷公司目前在广州、粤东、粤西的垦区成立了52个金融服务站，构建了以广州为中心，向广东东、西两翼辐射的垦区金融服务站网络体系，建立农户金融需求与金融服务机构紧密对接的基础平台，使金融服务在垦区农户中得到广泛普及，有效推进金融普惠工作。此外，粤垦小贷公司积极响应国家有关"三农"发展的重大政策和战略部署，积极开展打通农村金融服务"最后一公里"的实践。公司建立了"365 天业务通"服务渠道，通过现场驻点、电话服务、QQ 客服、微信公众号服务等，全天候方便农户办理业务及开展咨询。针对农户提出的经营性贷款需求，在贷款程序操作和项目评估等环节加快进度，更好地服务农户创业致富的实践。对于急需小额贷款的农户和企业，采取主动介入、主动对接、上门服务，将信贷业务推广到田间地头、农户家中，让农户获得贷款更容易、办理业务更便捷、服务费用更优惠。

第二，创新适应农户的贷款产品。农产品种类繁多，广东农垦内部的农产品便涉及多种农业生产经营领域，不同的农、林、牧、渔产品有不同的种植、养殖周期，同时，农户贷款额度一般在 2 万～5 万，贷款金额小、程序烦琐，中大型商业银行的贷款业务品种标准化程度高，担保条件也相对固化，贷款额度相对较高，因此无论在贷款期限、贷款额度、贷款流程方面都无法灵活与不同农产品生命周期、资金用量有效对接。随着垦区深化改革实践的深入，以及垦区干部职工自身发展生产创业致富的主动性积极性不断增强，融资生产、融资创业、融资发展的需求更加强烈，但银行的农业贷款产品标准化和贷款条件的相对固定，无法适应垦区农业种养殖周期性的客观实际和垦区农户用款还款的需求。广垦小贷公司的运作模式有效弥补了大中商业银行对农户金融支持的短板，针对不同农产品开辟了个性化的绿色通道，通过田间驻点、移动通信等方式，随时随地受理农户咨询，帮助农户分析资金需求量与资金投放周期，设计针对不同农产品的贷款业务，同时，缩短贷款程序、简化项目评估，通过信用、保证、抵押、质押等灵活多样的担保方式，满足农户多样化的资金需求，使金融服务和贷款周期较准确地适应农时，满足农户的多样化、个性化的金融需求。广垦小贷公司针对垦区企业发展和农户生产经营的实际设计了针对性的贷款方案，涉及种植甘蔗、菠萝、香蕉、红江橙、蔬菜、养猪、养鸡、养鱼、养虾等多个农业生产经营领域，通过信用、保证、抵押、质押等灵活多样的担保方式，随用随借，随借随还，主动设计适应农业生产周期的多样化信贷产品，满足了农户多样化的融资需求。

第三，树立普惠金融服务理念，推动"新平台、新机制、新实践"。为垦区小微农户提供个性化的金融服务是广垦小贷公司确立的经营理念，以"金融惠农、融资支农"为公司的服务重心和经营宗旨，通过搭建金融服务网络体系和开辟农户贷款绿色通道，为垦区内的小微经营户、种植户、养殖户、垦区农户以及周边农村的农户开辟了对接金融服务的金融普惠渠道。此外，为促进农业金融服务延伸，广垦小贷公司在垦区农场建设的金融服务站集贷款业务、金融普法、理财咨询、产销服务、保险普及等功能于一体，并以农场为中心，积极辐射周边农村，让农户足不出村就可以享受到现代金融服务，公司在广州、湛江、阳江、茂名、揭阳、汕尾等地已建成金融服务站 52 个，双选兼职金融服务站联络员 80 多人，搭建了农户与金融机构对接的基础平台，确保垦区农户的金融需求有人响应、有人管理、有人推进、有人服务，不断提升服务站的建站水平和服务深度。从 2015 年至 2019 年向垦区发放贷款笔数超过小贷公司总业务量的八成，贷款投放额年均接近 2 亿元。同时，还结合垦区融资需求急、额度小的特点，小贷公司进行调查研究，开发适合垦区农户的信用评价体系、信贷管理系统和融资管理移动手机端，为垦区农户金融需求对接金融服务开辟通畅的渠道和高效的流程。

第四，防控金融风险。粤垦小贷公司在不断加强和改进日常工作的同时，围绕农业产业升级和农村经济结构调整的实际需要，认真思考进一步深化农业金融工作的开展。由于农业风险保障比较脆弱，各种自然灾害往往给广大农民造成难以弥补的经济损失。广垦小贷公司积极推进与保险公司开展深度合作，共同推进自然灾害保险、农产品价格保险和保证保险等业务，为农户解决融资难融资贵问题提供更具体措施，也为借款人提供更多的融资方式，更有效地支持农户创业创新发展。

4.2.3 合作性金融

（1）广东农信：科技＋金融创新服务模式

广东省农村信用社联合社是广东省政府履行对全省农村信用社、农村商业银行（以下统称农合机构）管理职能的载体和平台，以服务"三农"、支持中小微企业和县域经济发展为宗旨。截至 2018 年 6 月底，全省农合机构共有各类网点 5 700 多个，营业人员约 7 万人，总资产超过 2.9 万亿元，是广东省内营业网点最多、服务面最广的金融机构。广东农信与科技企业京东、阿里云合作。一是以金融科技和服务能力支撑广东农信的互联网金融、大数据等专有云建设，实现智能风控和用户精细化管理，并借助科技企业平台最大程度挖掘不良资产的市场价值，提升改制过程中不良资产处置效率。二是进一步探索建立金融科技创新实验室，在金融科技运用、区域金融服务等领域展开联合创新。三是农信社多年深耕农村市场的积累也可以助力金融科技企业进入发力缓慢却充满机遇的农村金融蓝海，让"科技＋金融"服务实体经济，创造更大的商业价值。这是广东省农业供应链金融在跨界合作、互联网金融、"数字农信"战略方面的一大进步。

（2）广东省中小企业融资平台："广东省中小企业融资平台"＋金融机构/政府

支持推动知识产权融资，"广东省中小企业融资平台"为适配不同行业、类型企业需求，开发了专门的融资产品。为支持制造业中小企业，平台提供了供应链金融。依托格力、美的、TCL 等核心制造业企业的信用，为超过 4 万家中小企业提供融资。到 2020 年，供应链金融将发展到 500 个专业镇，与优势产业结合，助力专业镇产业升级。企业登录后，通过画像进行智能匹配，为企业更精准地推送融资产品，中小融平台已成功对接工商银行、建设银行、平安银行等省内 129 家金融机构，上线 319 款金融产品，涵盖标准贷款产品、知识产权质押融资、科技创新贷款、银税互动产品等一应俱全。

广东省中小企业融资平台调研了包括美的、格力、TCL、汇桔网、亚信科技在内的众多企业，以及电子口岸、海关等部门，针对核心企业信用只能覆盖一二级供应商、知识产权无法有效作为融资方式、进出口贸易额无法被银行认可等问题，利用区块链技术，将电子凭证在核心企业和上下游企业穿透流转，并与政府权威数据交叉验真，解决中小企业信用真实性的问题，将企业经营信息变为企业信用。企业进驻广东中小融平台后，会导入自身的企业用户和资金方资源，从而丰富广东中小融平台的资源。同时，企业也将获得很多政府共享的信息和企业资源，方便企业获取客户、提升客户黏性，促进后续业务的开展。企业可以通过第三方平台实现互融互通。经由应收账款多级流转电子债权凭证，核心企业的信用拆分和流转，给其上游供应商做电子化债权凭证。核心企业可以实现对其供应链上二级、三级甚至更远端的供应商的信用传递。对于进出口型中小企业，广东省中小企业融资平台鼓励贸易融资。具体是，运用区块链技术，与海关、外管、税务等部门进行信息交叉验证，核实贸易的真实性，为中小企业提供进出口信用融资。目前，我国香港金管局已经基于区块链构建贸易联动平台，广东省中小企业融资平台正与其对接中。对于科创型中小企业，广东省中小企业融资平台支持推动知识产权融资。具体是，平台和市场化知识产权评估机构合作，设计专门的信用评价模型和授信审批流程，为省内超过 4.5 万家的国家级高新技术企业先行提供融资支持。支持知识产权证券化，与深交所合作，集合打包专利知识产权发行 3 年期债券。

为此，广东省中小企业融资平台上线了六大功能模块，打造一站式线上融资智能"生态圈"。包括，智能融资模块直接对接资金供需双方，整合多种金融机构，构建融资产品超市，根据企业画像、企业实际经营状况及资金需求直接为其匹配金融产品；智能监管模块可以实现数据采集分析、风险预警、咨询投诉等多种监管需求，为市场创造公平公正的金融环境，帮助金融监管部门预防并化解风险事件；智能供应链模块通过对信息流、资金流、物流进行整合，形成标准化供应链金融资产，提高融资速度降低融资成本。

此外，智能直融模块通过整合区域性股权市场信息，让企业在债权之外直接融资；智能风控模块在贷前、贷中和贷后分别通过不同的风控机制和抓手实现360度无死角的风控管理；智能运营模块支持多个外部第三方数据引擎，以多视角综合判断，避免决策片面化，使平台保持开放性、兼容性、与时俱进。

广东省中小企业融资平台还充分体现了金融科技的应用：在平台上线现场，平台受理第一笔以区块链技术为基础的线上无抵押融资授信，并通过额度审核，时间不超过3分钟。短短10分钟内，就有惠州市升华工业有限公司获得工商银行112万元供应链融资授信金额，广东旭龙物联科技股份有限公司获得平安银行50万元外贸融资授信金额，东莞珂洛赫慕电子材料科技有限公司获得建设银行20万元知识产权融资授信金额。

区块链是此次广东省中小企业融资平台的金融科技之一。例如，制造企业在进行供应链融资时，区块链技术可以进行订单数据的交叉验证，确保真实性的同时避免多头借贷。我国香港区块链贸易融资平台已经上线运行，未来粤港澳三地的贸易融资系统都将采用相通的技术，这为降低融资成本，增加通关效率，吸引境外低成本资金提供了绝好机遇。在区块链之外，平台还引入人工智能、云计算、大数据等新兴技术。

在调研包括工行、农行、省联社等几十家金融机构后，针对优质客户难找、小微企业风控难准、小微企业信贷产品难做等问题，平台通过整合全省银行、7+4类非银类金融机构，利用基于政务及商业数据形成的企业用户画像向中小微企业快速提供智能匹配的贷款融资产品。此外，通过调研广东省金融局、人民银行广州分行等10多个省级政府部门及13个地市相关部门，针对审核金融机构信息验真难、监管风险预警难、人力服务手段效率低的问题，通过搭建平台，整合各部门政务数据进行交叉验证，并以人工智能高效处理各类服务，如智能合约、智能客服等，提高服务中小企融资效率，且高效发现、预警并处理金融风险。

2020 年，广东省中小企业融资平台服务客户数预计超过 30 万户，并建立各地市平台分站，启动 2.0 平台建设，加强智能监管、智能客户服务等板块建设。到 2021 年，平台服务客户数预计超过 50 万，建成服务水平、规模全国领先的金融机构服务生态系统，并逐步完成典当、融资担保、区域性股权交易市场等地方金融机构介入，实现精准监管。到 2022 年，客户数将突破 100 万，全面覆盖广东省内"7＋4"类金融机构，防控金融风险，构建绿色金融安全生态。

（3）农村资金互助社模式

广州市增城粤汇资金互助合作社是广东新型农村金融的成功探索之一，由存在农业产业上下游关系的社员自愿入股设立，为社员提供资金互助服务，属合作经济组织性质。招收社员对象为农业专业合作社、农业行业协会等成员，不吸收党政机关公务员入社，坚持"社员封闭、资金封闭"双封闭运作原则，不以营利为主要目的，以发放信用贷款为导向，实行第三方银行托管。到 2018 年末，粤汇资金互助合作社有社员 131 户，农业专业合作社 1 名；农业协会成员 2 名，其中农民 116 户，占比 88.55％，由农业公司、农业产业园经营者、农场经营者、农户组成。

广东省供销社金融服务平台借助供销社基层服务网络优势，整合金融机构资源，打造了"广东新供销农村普惠金融服务站"品牌，为农村用户提供小额取现、小额贷款、融资担保、保险代理、金融租赁等金融业务。具备三大功能：整合供销社体系服务网络及上下游产业链，在原有的传统供销社服务网点经营基层上增加金融业务板块，提供全方位的金融服务；收集、整理、发布电子政务、农业小贷、融资租赁等信息，为农民提供规范、透明、准确的各类金融信息；采用线上线下 O2O 整合模式，线上通过手机移动终端和电脑终端，线下通过 ATM 终端，设计一体化的便民设施，为农民提供便捷、安全的金融服务。除了上述典型模式之外，小贷公司、村镇银行、互联网金融公司也在农村金融领域不断创新试水，广东省已经初步形成了以政策性金融力量为主导、商业性金融为主力、合作性金融为补充、新兴金融力量不断涌现的多层次农业供应链金融体系。

（4）广州市小额担保贷款：政府＋融资担保中心＋商业银行

广州市小额担保贷款，是由广州市劳动保障局、广州市融资担保中心和广州市内的各商业银行合作发放的，申请对象是城镇复转退役军人、高校毕业生、城镇失业人员、本市农村劳动力等。由劳动保障局确认资格，审查条件并递送资料给市融资担保中心，对于符合条件的贷款人，融资担保中心会提供担保并要求其提供反担保形式包括保证（提供担保人）、单亲（单亲家庭）、低保（家庭人均收入低于当地最低生活保障标准的非农业户口的城市居民，均纳入城市居民最低生活保障范围）、结业证（在劳动就业中心接受培训获得的结业证）、双失（夫妻双方失业）和房产抵押，即单亲、低保、双失和持有创业培训结业证书的借款人免除反担保。最后由经办银行核定贷款额度和贷款期限，给予放款。贷款额度每人不超过 5 万元，期限 2 年，可展期一次，展期期限不得超过一年，贷款利率按照中国人民银行公布的贷款基准利率水平确定，可以向上浮动 3%。贷款对持有《再就业优惠证》的失业人员、就业困难人和本市城镇复员转业退役军人从事微利项目的借款人，市财政给予全额贴息；对高校毕业生、失业人员和农村劳动力从事微利项目的，市财政给予 50% 的贴息；从 2009 年开始，全额贴息的范围扩大到所有从事微利项目的创业人员。微利企业是指下岗失业人员或其他创业人员在社区、街道、工矿区从事的商业、餐饮和修理等个体经营项目，具体包括家庭手工业、修理修配、图书借阅、旅店服务、餐饮服务、小饭桌等。

　　整个过程是由广州市劳动保障局审核和确定借款人资格，由广州市融资担保中心提供担保，但为了降低风险，要求借款人除单亲、低保、双失和持有创业培训结业证书外，一律提供反担保，形式包括保证人和房产抵押，最后由商业银行提供资金。由此分析，按杜晓山等（2008）的分类，该项目属于偏向于扶贫的公益小额信贷，由于单亲、低保、双失等城市弱势群体缺乏抵押品，收入不稳定，不能获得银行贷款，即使有了劳动就业中心所学的一技之长，也很难创业，广州市劳动保障局以政府的信誉和融资担保中心的操作代替实物抵押运行小额贷款，解决了资金的信用瓶颈问题。也主要是由于存在融资担保中心的操作，该项目的损失由融资担保中心承担，劳动保障局也就没有了改变融资结构提高还款率的积极性，但借款人如果违约，就不能再通过这个渠道获得小额贷款，存在动态激励（姜美善，2011）。该项目提供了非金融服务，广州市失业人员可免费参加职业指导学习和职业技能培训，职业指导学习包括创业培训，进行资金筹措技巧、拟订企业计划、人力资源和财务管理等方面的培训；职业技能培训包括计算机、烹饪师、美容师、美发师、电工等技能培训，并可免费获得等级鉴定。其他参加该项目的人员要求缴费。

　　该项目全部资金用于借款人开办企业或为正在经营的企业提供追加资金。Nader（2007）分析埃及开罗的小额贷款项目时认为：小额贷款对于妇女收入和家庭资产增加的作用很小，而且在开罗的项目提供小额贷款时只注重生存项目，没有关注妇女从事高利润行业能力的提升问题，所以并没有使妇女的生活改变，所以建议在提供贷款的同时附加发展活动，可以长期提高贷款者的福利，即真正投资到生产资本和投资资本，而不仅仅是个人资产的暂时增加。所以该项目立足创业性的生产和投资资本的增加，而不是简单地发放扶贫款，其扶贫方向是正确的。

4.3　广东普惠金融发展的典型案例：助力普惠性科技金融

普惠性科技金融是将普惠金融的普惠属性和科技金融的科技属性有机融合，立足于机会平等的原则，强化政府政策性金融在科技金融体系中的公共属性作用，引导科技金融服务有效覆盖科技创新链条中从事研发创新和成果孵化等较早期阶段各创新主体的金融服务模式。其核心是构建支撑科技创新、成果转移转化、孵化育成等资金支持与金融服务体系，是科技金融普惠特质的深度融入（韦文求等，2019）。

广东是我国首批科技和金融结合试点地区之一，也是全国4个专利质押融资风险补偿基金试点省份之一，在科技金融的创新实践上一直走在全国前列，先后进行了诸多有益的理论探索与实践创新，初步建立了"一个专项、两个平台、四个体系、多方联动"的科技金融发展格局，并在全国率先开展了普惠性科技金融的创新探索，先后出台了《关于发展普惠性科技金融的若干意见》和《关于开展普惠性科技金融试点工作的通知》，积极构建风险补偿机制、强化科技信贷受益面、开发普惠性科技金融产品、创新财政投入方式与力度、引导创业投资向前段发展、建设专业化政策性金融服务平台与服务生态等，有力提升了科技金融的普惠面、渗透率和效率等，进一步促进科技金融产业深度融合。广东省促进普惠性科技金融的举措主要有：

4.3.1　加大财政投入力度、创新财政投入方式

广东依托多维度财政补助机制建立了一系列普惠性财政投入"组合拳"，充分发挥政策性金融在普惠性科技金融的主导作用，引导市场金融主体积极参与，为普惠性科技金融顺利推进夯实资本基础，建立了企业研发经费财政后补助机制。2015年3月，省财政厅、省科技厅出台了《广东省激励企业研究开发财政补助试行方案》，对已建立研发准备金制度的企业，根据研究开发投入情况对企业实行普惠性财政补助。该补助专项资金3年计划高达75亿元，具

有"普惠性"和"引导性"。在政府的激励政策下，科技型企业纷纷建立研发准备金制度。广东省还给予了各市场金融主体、科技型企业的科技天使投资补贴、科技型中小企业科技信贷贴息、创新创业补助、各类型科技创新券、上市挂牌补贴、科技保险保费补贴等各种专项补贴，推动了资本市场活性和企业科技创新。比如，广东省科技厅依据设立时间分别给予省内创业投资企业投向省内的初创科技型企业实际投资额 4%～10% 的补助。此外，广东开展了"银政企"合作模式，在广州、深圳、东莞、佛山等试点城市，允许科技型中小企业入库项目贷款或纯科技信用贷款进行财政贴息，引导和推动普惠性科技信贷的深入实施。与此同时，广东还布局了科技金融服务网络与服务机构建设，通过财政资金支持建立了遍布全省 19 个地市的科技金融综合服务中心网络，引导推动建设银行、中国银行等机构携手在全省建立了 110 多家科技特色支行（科技信贷专营机构）。

4.3.2 构建省市联动、多主体共担的风险补偿机制

为推动普惠性科技金融落实，为引导商业金融主体的银行、创业投资机构、融资租赁机构等向初创期、种子期科技型企业融资倾斜，广东建立了省市联动、多主体共担的风险补偿机制，以期降低和平衡各金融机构的金融风险，激励各金融主体主动响应地区科技型中小企业的融资需求。具体做法主要体现在：第一，广东省科技厅于 2015 年联合财政厅印发了《关于科技企业孵化器创业投资及信贷风险补偿资金试行细则》，对科技企业孵化器首贷出现的坏账项目，合作银行按坏账项目贷款本金的 10% 分担损失，省财政和当地市财政信贷风险补偿资金分别按坏账项目贷款本金的 50% 和 40% 分担损失；对科技企业孵化器内的初创期科技型中小企业，按项目投资损失额的 30% 给予创业投资机构补偿。第二，通过省市联动建立了覆盖全省各市的科技信贷风险准备金池，为合作银行或者备案信贷产品提供高达 90% 的贷款本金损失补偿，推动银行机构创新开发一批符合科技企业发展特点的信贷产品，如东莞的"贷奖联动支持"、佛山的"贷后备案审批"等，极大提升了金融机构的积极性和融资效率。截止到 2017 年，广东省市联合科技信贷风险准备金总规模达 38.125亿元，且绝大部分地区正着手扩大资金池规模，引导约 15 家银行机构支持科技型中小企业超过 200 亿元，实际发放贷款超过 100 亿元。第三，加速建立健全知识产权质押贷款风险补偿机制。在国家和省多重引导下，广州、深圳、佛山、中山、惠州、珠海等珠三角地市都先后建立了知识产权质押融资风险补偿

基金。

其中，以"政府＋保险＋银行＋评估公司"组成风险共担融资的"中山模式"受到国家知识产权局肯定，并向其他国家专利质押融资风险补偿基金试点省份推广，开启了保险撬动贷款的新模式。具体而言，保险公司为中山科技型企业提供知识产权质押融资保证保险，若项目失败，保险公司承担 16％ 的贷款损失。商业银行为科技型企业提供知识产权质押贷款，自身分担 26％ 的贷款损失。评价机构给企业开发的专利进行价值评估，分担 4％ 的贷款损失。政府会为企业提供贷款利息、保险费用、专利评估费用等各项资助。其中，中央和市级财政分别拨款 1 000 万元和 3 000 万元成立中山市知识产权融资贷款风险补偿基金，由中山市知识产权局负责监管，中山市中盈投资有限公司负责运营，该基金分担 54％ 的贷款损失。通过成立专项基金和多方联动的方式，中山市将普惠性科技金融贷款风险降到了最低，最大限度地保障了贷款供给方的利益，调动了银行贷款的积极性。此外，中山市还大力实施科技保险补助普惠政策，科技企业在保监会批复的、具有科技保险资质的保险公司购买科技保险，均可获得补助。2017 年 8 月，受强台风"天鸽"影响，中山 20 家科技企业遭受不同程度损失，获得科技保险理赔 860 万元。自 2014 年设立科技保险专项以来，中山市参保企业累计达 913 家次，保费 6 806.7 万元，保险金额 1 004.3 亿元，惠及企业高管和关键研发人员 10 761 人次，共 412 家次企业获得科技保险补贴 1 948.56 万元。

4.3.3　强化多主体间的协同合作

多主体间的组织协调是保证普惠性科技金融有效、可持续的重要基础。为推进普惠性科技金融，广东构建了以广东省科技厅为核心，省市联动、政企协作、供需协调等多种工作机制为辅的协同合作主体生态圈。比如，在推行科技信贷风险准备金制度的过程中，省市协同联动，有效引导地方科技主管部门、财政部门、金融机构等的积极参与。此外，广东省科技厅与省金融办、人民银行广州分行、省保监局等单位分别联合出台了《关于科技企业孵化器创业投资及信贷风险补偿资金试行细则》、《关于科技和金融结合促进创新创业的实施方案》等系列政策措施，体现了多主体协同推进科技信贷、创业投资、科技保险、多层次资本市场等金融服务在中小微型科技企业普惠性科技金融服务上的创新。当前，广东省在推进普惠性科技金融的举措上重点以省科技厅为主导，依托多部门协同实现了科技信贷普惠性升级，构建了覆盖需、评、供、保障等全链节点的普惠性科技金融融资服务模式（韦文求等，2019）。

在推动地区科技创新工作中，广东省依据广东省科技厅的组织协调功能，联动各金融机构，打造了以科技信贷业务为核心、多主体协调的普惠性科技金融业务模式。一方面，广东省科技厅与人民银行广州分行合作，开展科技型企业信用评级试点工作；另一方面，广东省科技厅与中国建设银行广东省分行联合开展普惠性科技金融试点工作，相继选定了广州、珠海、汕头、佛山、东莞、湛江和清远作为试点城市；此外，还与中国建设银行、各试点地区的科技主管部门合力推进面向中小微型科技企业为主的新型科技信贷评价机制；同时，支持中国银行、建设银行等在全省设立科技特色支行。截止到2017年底，广东建立了遍布17个地市的110家科技特色支行（科技信贷专营机构），已初步构建了覆盖全省大部分地区的科技信贷专营服务网络。广东省还非常注重省市政府间的纵向协同合作，推动省市联合，建立了规模庞大的科技信贷风险准备资金池与多主体间的科技信贷风险分担机制。

4.3.4 建立专业化政策性金融服务平台

为提升普惠性科技金融的政策性、公共金融属性的融资服务效应，广东省及各市纷纷建立健全了专业化的政策性金融服务平台，提升了各平台的普惠性服务能力和运营效率。推动基金整合与机制创新，实现规模效应。广东省整合了广东省科技创新基金、省创业引导基金、省新媒体产业基金，省财政出资71亿元，通过母子基金架构吸引社会资本共同出资组建广东省创新创业基金，并有效改革基金设立机制、运作机制和评估机制。延展重点政策性科技金融平台的普惠性服务业态。推动广东省粤科金融集团构建科技型中小企业的科技金融全服务链条，强化早期的普惠性服务，先后设立了种子基金、天使基金、大学生创业基金、粤科创新创业母基金、区域创投基金、产业投资基金、产业并购基金等基金体系，以及发起成立了粤科小额贷款、融资担保、融资租赁、科技保险和资产管理公司等多种科技金融服务模式专营机构。新设或改组成立政策性、专业普惠性科技金融服务平台。推进企业新设或有国资背景的企业联合成立独立法人单位，对普惠性科技金融基金项目专职专营。如深圳依托两大国资平台——深圳市投资控股有限公司与深圳市创新投资集团有限公司联合设立了深圳市天使投资引导基金管理有限公司，运营新成立的深圳政策性天使投资引导基金；广州、东莞两市先后改组新成立国资背景的广州科技金融创新投资控股有限公司、东莞科技创新金融集团，打造专业化的科技产业创新创业投资与科技金融服务平台。

4.3.5 改善普惠性金融服务生态

科技金融生态环境能有效推动科技金融创新，为科技金融市场机制的发挥奠定良好基础。广东在开展普惠性科技金融服务中高度重视生态建设，首先，积极构建从种子期到成熟期的全阶段科技型企业孵化机制与服务生态，重点建设了华南（广州）技术转移中心，打造系统性、专业化的科技成果转化服务平台，并且还通过建立以众创、众包、众筹、众扶等平台为主体的"四众"平台，将众多普惠金融资源引导至"四众"平台，促进金融机构与科技企业的协同融合创新；其次，为科技小贷、科技保险、科技融资租赁等创新型金融机构提供成长环境，推动金融机构在各高新区、科技企业孵化器等科技资源集聚地区设立分支专营机构，强化普惠性科技金融服务机构的专营体系建设；最后，与省内各地市科技、财政部门建立科技企业数据库省市共享机制，高标准筛选建立覆盖全省的科技型企业数据库，设立简洁有效的分类和监控指标体系，建立科技诚信评价机制，推动信息披露，主动把控中小微科技型企业技术风险的监督跟踪，还通过中国创新创业大赛广东赛区、深圳赛区、港澳台赛区等平台，推动中小微科技型企业与创业投资机构、银行金融机构等进行多渠道对接，拓展小微企业的融资渠道与提升融资能力。

4.4 广东省特色普惠金融政策

4.4.1 《广东省推进普惠金融发展实施方案（2016—2020 年)》

广东省在国务院《推进普惠金融发展规划（2016—2020 年)》上，结合广东实际情况于 2016 年出台了《广东省推进普惠金融发展实施方案（2016—2020 年)》，从总体思路、完善普惠金融机构体系、创新普惠金融产品及服务手段、强化重点地区及领域服务措施、优化普惠金融发展环境、发挥政策引导及激励作用、强化组织保障及推进实施等七个方面详细制订了广东省普惠金融的具体实施措施。《广东省推进普惠金融发展实施方案（2016—2020 年)》全面贯彻党的十八大、十八届三中、四中、五中、六中全会精神和习近平总书记系列重要讲话精神，坚持创新、协调、绿色、开放、共享发展理念，以增进民生福祉为目的，坚持市场主导与政府引导相结合、社会效益与经济效益相结合、统筹规划与突出重点相结合、创新发展与风险防范相结合，优化基层金融服务，完善基础金融服务，改进重点领域金融服务，拓展普惠金融服务的广度和深度，使最广大人民群众公平分享金融改革发展的成果，全面增强所有市场主体和广大人民群众对金融服务的获得感。

（1）在完善普惠金融机构体系方面

①要充分发挥各类银行机构的作用。鼓励开发性政策性银行以批发资金转贷形式与其他银行业金融机构合作，降低小微企业贷款成本。推动农业发展银行在粤分支机构强化政策性功能定位，在服务"三农"、金融精准扶贫精准脱贫以及农村开发和水利、贫困地区公路等农业农村基础设施建设方面加大贷款支持力度。

鼓励银行业金融机构加强在粤小微企业专营机构建设。支持农业银行在粤分支机构坚持面向"三农"的定位，加大"三农"贷款投放。引导邮政储蓄银行在粤分支机构发挥自身的网络优势，拓展农村金融业务，稳步发展小额涉农贷款业务，逐步扩大涉农业务范围，推动邮储资金回流农村。鼓励支持国有商业银行和股份制商业银行到县域增设分支机构。鼓励全国性股份制商业银行、城市商业银行和民营银行扎根基层、服务社区，为小微企业、"三农"和城镇居民提供更有针对性、更加便利的金融服务。引导银行机构加大对小微企业的信贷支持，进一步降低服务收费，完善续贷管理，对市场前景好、暂时有困难的企业不断贷、不抽贷。商业银行要健全向"三农"业务倾斜的绩效考核和激励约束机制。对获得人民银行广州分行每年小微企业信贷导向效果评估前三名的金融机构给予奖励。

加快推动省农信联社改革，强化服务职能，充分发挥"小法人、大系统"的优势，有效形成推动全省农村合作金融机构参与普惠金融建设的合力。加快在县（市）集约化发起设立村镇银行步伐，重点布局粤东西北地区及革命老区、专业镇、小微企业聚集地区。

②探索和规范发展各类新型金融机构和组织。探索拓宽小额贷款公司和典当行融资渠道，规范接入征信系统。进一步完善小额贷款公司风险补偿机制和激励机制，努力提升服务"三农"和小微企业融资的水平。鼓励金融租赁公司和融资租赁公司更好地满足小微企业和涉农企业设备投入与技术改造的融资需求。支持符合准入条件的出资人设立消费金融公司、汽车金融公司，激发消费潜力，促进消费升级。

积极探索新型农村合作金融发展的有效途径，选择农民合作社发展基础较好的地区稳妥开展农民合作社内部资金互助试点。支持农民合作社开展信用合作，积极稳妥组织试点，在符合条件的农民合作社和供销合作社基础上培育发展农村合作金融组织。注重建立风险损失吸收机制，加强与业务开展相适应的资本约束，规范发展新型农村合作金融。

省市财政安排专项资金，吸引民间资本参与，在各地级以上市分别建立1～2家政府主导的中小微企业政策性融资担保或再担保机构。与中央共同出资设立广东省中小企业信用担保代偿补偿资金，为担保机构提供风险补偿。鼓励各地级以上市每年安排专项资金，设立地方融资担保基金。建立健全全省政策性农业信贷担保体系，为农业尤其是粮食适度规模经营的新型经营主体提供信贷担保服务。鼓励各地和各有关部门积极稳妥组建政策性农业信贷担保机构和分支机构。促进小微企业和"三农"融资担保业务较快增长、融资担保费率保持较低水平，实现小微企业和"三农"融资担保在保余额占比五年内达到不低于60%的目标。

推动互联网金融组织规范创新发展。按照国家部署推进互联网金融风险专项整治工作，建立完善适应互联网金融发展特点的监管长效机制，发挥各互联网金融协会组织作用，加快形成行业准入标准和从业行为规范，建立健全信息披露制度，降低市场风险和道德风险。探索设立互联网金融发展专项资金，支持符合条件的互联网企业与各类金融机构、创业投资机构、产业投资基金等开展合作，加大对创新创业的支持力度。鼓励有条件的地区出台扶持互联网金融规范发展的政策。

③积极发挥保险公司资金和保障优势。支持保险机构持续加大对农村保险服务网点的资金、人力和技术投入，完善农业保险协办机制。大力推广政策性涉农保险业务，通过以奖代补等财政支持方式，不断拓宽政策性涉农保险的品种数量和保障额度。支持保险机构与基层农林技术推广机构、银行业金融机构、各类农业服务组织和农民合作社合作，促进农业技术推广、生产管理、森林保护、动物保护、防灾防损、家庭经济安全等与农业保险、农村小额人身保险相结合。发挥农村集体组织、农民合作社、农业社会化服务组织等基层机构的作用，组织开展农业保险和农村小额人身保险、大病保险等业务。探索政府主导和商业保险运作相结合，鼓励通过政府购买保险服务等方式，加强公共安全和基本民生保障。建立完善理赔金额与灾害级别挂钩的巨灾指数保险救助机制，健全基层协保体系。

（2）在积极创新普惠金融产品和服务手段方面

①支持金融机构创新产品和服务方式。创新推出针对小微企业、高校毕业

生、农户、特殊群体以及精准扶贫对象的小额贷款业务。大力推广中征动产融资统一登记平台和中征应收账款融资服务平台，有效盘活中小企业动产、应收账款融资。鼓励金融机构开展权利抵（质）押信贷创新业务。研究创新对社会办医的金融支持手段。推广普及网上银行、手机银行，完善电子支付手段。加强与相关银行机构协调，引导开发"金融＋助残"创新产品，鼓励探索发行助残公益信用卡，减免手续费和年费，推动落实残疾人持银行卡省内跨行取现或转账减免手续费的用卡机制。

推广"政银保"合作农业贷款业务。鼓励各级人民政府建立小微企业信用保证保险基金，用于小微企业信用保证保险的保费补贴和贷款本金损失补偿。加大财政支持力度，省级政府加强对"政银保"合作农业贷款业务的指导，鼓励各地探索适合本地区特点的"政银保"新模式。支持地级以上市设立小额贷款保证保险资金；对投保贷款保证保险的中小微企业，按一定比例补贴保险费用；对产生不良贷款的本金损失部分，保险公司、银行和基金按比例共同分担。扩大农业保险覆盖面，发展农作物保险、主要畜产品保险、重要"菜篮子"品种保险和森林保险，推广农房、农机具、设施农业、渔业、制种保险等业务。

②有效发挥资本市场融资功能。加强对符合条件的农业企业、小微企业上市培育与辅导，支持其在境内外证券交易所发行上市，引导暂不具备上市条件的高成长性、创新型企业到全国中小企业股份转让系统挂牌交易、融资发展。鼓励和引导符合条件的省市国有企业发行小微企业增信集合债券，扩大支持小微企业的覆盖面。提升省级创业投资引导基金使用绩效，鼓励各地设立一批产业投资基金和创业投资引导基金。充分发挥粤科金融集团有限公司、粤财投资控股有限公司、恒健投资控股有限公司等省属企业平台作用，壮大创投、风投及天使基金规模。鼓励和引导民间资本进入并购投资、创业投资、私募股权投资、风险投资领域。依托产业园区、高新区、孵化器集群区引导各类基金集聚发展。引导证券期货经营机构增强服务普惠金融的能力。支持省内区域股权交易中心与粤东西北各市签订合作协议，开发适合"三农"领域、小微企业的产品和服务。

③稳妥有序推进农村"两权"抵押贷款业务。认真实施广东省农村承包土地的经营权和农民住房财产权抵押贷款试点实施方案，加快推进"两权"确权登记颁证进度，完善"两权"抵押登记相关制度，建立"两权"价值评估的专业化服务机制，建立完善农村产权流转管理服务平台和抵押物处置机制。鼓励

金融机构积极开发"两权"抵押贷款产品，建立"两权"抵押贷款风险缓释和补偿机制。逐步拓宽农村地区贷款抵押物范围，积极开展动产质押贷款业务。

④运用新兴信息技术及互联网手段拓展普惠金融服务。鼓励金融机构运用大数据、云计算等新兴信息技术，打造互联网金融服务平台，积极发展电子支付手段，进一步构筑电子支付渠道与固定网点相互补充的业务渠道体系，加快以电子银行和自助设备补充、替代固定网点的进度。推广保险移动展业，提高特殊群体金融服务可得性。

大力发展网络支付机构服务电子商务发展，为社会提供小额、快捷、便民支付服务。引导网络借贷平台融资缓解小微企业、农户和各类低收入人群的融资难问题。发挥股权众筹融资平台对大众创业、万众创新的支持作用。引导网络金融产品销售平台规范开展业务。鼓励电商、物流、商贸、金融等企业搭建农业电子商务平台，稳步实施"互联网金融＋信用三农"融资项目，研究制订"互联网金融＋信用三农"制度规范，建立"互联网金融＋信用三农"风险防范机制和风险补偿基金。

（3）在强化服务重点地区、领域及对象的普惠金融措施方面

①全面建设"四个基本平台"。总结普惠金融"村村通"试点经验，在粤东西北12市以及珠三角农村地区全面推广和开展农村普惠金融，全面推动建设县级综合征信中心、信用村、乡村金融（保险）服务站和乡村助农取款点"四个基本平台"。到2018年，全省农村县（市、区）全部建成县级综合征信中心，符合条件的行政村全部建成信用村，乡村金融（保险）服务站和乡村助农取款点实现行政村100％覆盖。到2020年，全省农村普惠金融全面推开、继续深化，农村信用体系建设"四个基本平台"建设成果得到广泛应用，农村地区金融服务死角全部消除，农村金融普惠性和便利性显著提升。

②提升珠三角地区农村普惠金融效能。设立专业镇金融服务中心，搭建专业镇金融服务综合平台，建设专业镇网上金融超市，支持金融机构根据专业镇不同特点设计专门金融产品。推广社区银行和小微金融事业部，引导银行深入社区、小微企业和专业市场。积极建设村居金融服务站，在乡村金融服务站基础上拓展证券、理财、互联网金融等服务功能。发展消费金融，推动开展消费信贷业务。

③创新小微企业金融服务方式。在广州、深圳前海、广东金融高新区等区域性股权市场推出"广东省高成长中小企业板"、"科技板"、"青创板"等，为中小微企业提供多元化融资和股权转让服务。引导银行对重点产业集群、大型

龙头企业产业链、商圈等小微企业聚集群体提供批量贷款，小微企业信贷风险补偿资金提供增信支持。引导银行业金融机构对购买信用保险和贷款保证保险的小微企业给予贷款优惠政策。积极用好广东省战略性新兴产业创业投资引导基金，支持创办战略性新兴产业和高技术中小微企业，引导社会资本重点支持智能制造、高端装备、生物医药、新能源、节能环保等新兴产业领域的初创期中小微企业。鼓励保险公司投资符合条件的小微企业专项债券。

④加大对特殊群体金融扶持。充分发挥财政资金引导作用，吸引社会资本投入，推广妇女创业、青年创业、大中专毕业生创业等小额担保财政贴息贷款业务。推广金融扶贫小额担保贷款业务。对符合贷款条件的建档立卡贫困户提供原则上不超过 5 万元、期限 3 年以内的担保贷款，支持建档立卡贫困户发展扶贫特色优势产业。引导有条件的银行机构设立无障碍银行服务网点，完善电子服务渠道，为残疾人和老年人等特殊群体提供无障碍金融服务。支持保险公司向低收入人群、失独老人、留守儿童、残疾人士等特殊群体开发专门保险产品，切实提高保险服务的可获取性。

（4）在持续优化普惠金融发展环境方面

①加强农村地区支付结算基础设施建设。鼓励银行机构和非银行支付机构面向农村地区提供安全可靠的网上支付、手机支付、电话支付等服务，尽快实现助农取款点行政村全覆盖，叠加金融知识与产品宣传、公共服务缴费等金融服务，鼓励依托助农取款点发展农村电子商务。支持农村金融服务机构和网点采取灵活、便捷的方式接入人民银行支付系统或者其他专业化支付清算系统，提高农村地区资金汇划效率。支持银行机构在农村地区布放 POS 机、自动柜员机等各类机具，向乡村延伸银行卡受理网络，到 2018 年全省农村地区 POS机实现行政村全覆盖。鼓励各地和有关单位通过财政补贴、降低电信资费等方式扶持偏远、特困地区的支付服务网络建设。

②建立健全普惠金融信用信息体系。加快建设"省中小微企业信用信息和融资对接平台"和农民信用档案平台，实现中小微企业和农户的信用信息查询、信用评级、网上申贷以及融资供需信息发布、撮合跟进等多维度信用数据可应用功能。扩充金融信用信息基础数据库接入机构，降低普惠金融服务对象征信成本。积极培育从事小微企业和农民征信业务的征信机构，构建多元化信用信息收集渠道。依法采集户籍所在地、违法犯罪记录、工商登记、税收登记、出入境、扶贫人口、农业土地、居住状况等政务信息，采集对象覆盖全部农民、城镇低收入人群及小微企业，通过全国统一的信用信息共享交换平台及

各级政府信用信息共享平台，推动政务信息与金融信息互联互通。

③加强普惠金融教育和金融消费者权益保护。广泛利用电视广播、书报刊、网络视听新媒体、数字媒体、网络等渠道，持续宣传普惠金融和普及金融基础知识。注重培养社会公众信用意识和契约精神，开展信用户评定，促进农户重信用守合同。培育公众金融风险意识，针对金融案件、非法集资事件易发高发领域，开展金融风险宣传教育活动，加强与金融消费者权益有关的信息披露和风险提示，树立"收益自享、风险自担"的投资理念，引导金融消费者根据自身风险承受能力和金融产品风险特征理性投资与消费。支持广州等有条件的地区在中小学校开展金融知识普及教育，联合金融机构开展金融领域社会实践活动。鼓励有条件的高校开设金融基础知识公共选修课，鼓励高校之间金融知识相关课程互选互认。

加强金融消费权益保护监督检查，严厉查处侵害金融消费者合法权益行为，完善金融消费权益保护评估体系。金融机构要担负起受理、处理金融消费纠纷的主要责任，不断完善工作机制，改进服务质量。加大政策和资金扶持力度，积极发挥金融消费权益保护社会组织作用。进一步完善多元化纠纷解决机制，畅通金融机构、行业协会、监管部门、仲裁、诉讼等金融消费争议解决渠道，健全金融消费投诉处理机制，试点建立非诉第三方纠纷解决机制，逐步建立适合广东省的多元化金融消费纠纷解决机制。贯彻落实针对农民和城镇低收入人群制定的贫困、低收入人口金融服务费用减免办法，保障并改善特殊消费者群体金融服务权益。

④创新社保卡金融服务功能。充分利用"四个基本平台"的服务网点和服务设施，进一步向乡村延伸社保卡服务受理网络，联合银行机构开展基层社保卡服务。拓展社保卡应用，支持银行机构和社保卡服务机构在农村地区广泛铺设社保卡自助服务终端，实现社保卡身份认证、信息查询、缴费、待遇发放领取、金融支付等应用。探索建立政府补贴进卡机制，将涉农、惠民补贴等各类政府补贴资金统一通过社保卡发放拨付。加强农村社保卡跨行取款服务，方便社保卡基层跨行使用，推动落实社保卡通过 ATM、助农取款渠道省内跨行取现减免手续费等用卡政策。

（5）关于有效发挥各类政策引导和激励作用方面

①发挥货币信贷政策和金融监管差异化激励作用。有效运用再贷款、再贴现、差别化存款准备金率等货币政策工具，对金融机构开展小微企业信贷政策导向效果评估、涉农信贷政策导向效果评估，以及开展信贷资产质押再贷款试

点。积极推广小微企业和"三农"贷款专项金融债。对贫困地区设置差别准备金动态调整机制,对贫困县符合条件的金融机构新发放支农再贷款实行进一步优惠利率,适当提高对扶贫类贷款不良率的容忍度,引导金融机构信贷资源配置向小微企业、"三农"领域、贫困地区和社会民生领域倾斜。新增支小再贷款额度,对符合条件的地方法人金融机构给予支小再贷款额度支持。支持银行在风险可控的情况下,通过提前进行续贷审批、设立循环贷款、合理采取分期偿还贷款本金等措施,提高转贷效率,减轻中小微企业还款压力。扶持发展小额人身保险,支持保险公司在县域开展业务。

②开辟市场准入绿色通道。引导金融机构下沉服务网点,积极争取对各类金融机构和组织在社区街道、贫困地区的乡镇和行政村设立机构网点等实行更宽松准入政策。建立市场准入绿色通道,加大社区基层、贫困地区金融电子化机具布放力度,确保在社区基层、贫困地区实现金融基础服务全覆盖。建立适应中小微企业涉案资产少、处置时限短的快速调解和处理纠纷的法律服务机制,加大对逃废债务等各类违法违规行为的打击力度。

③积极发挥财税政策作用。对金融机构注册登记、房产确权评估等给予政策支持。统筹用好现有各级财政专项资金,针对金融服务失灵的薄弱领域、弱势群体,按照保基本、可持续、分重点的原则,对普惠金融相关业务或机构给予适度支持。发挥政府创业投资引导基金作用,引导天使投资基金等投向初创期小微企业。鼓励国有企业设立国有资本创业投资基金,完善国有企业投资机构激励约束机制和监督管理机制。落实国家关于对有限合伙制创投企业采取股权投资方式投资于未上市中小高新技术企业实施税收优惠的政策。落实创业投资企业税收优惠政策,以及小微企业和"三农"贷款的相关税收扶持政策。

④强化地方配套支持。各地要加强政策衔接与配合,发挥好财政资金杠杆作用,通过贴息、补贴、奖励等政策措施,激励和引导各类机构加大对小微企业、"三农"和民生尤其是精准扶贫等领域的支持力度,更好地保障城镇低收入人群、困难人群、农村贫困人口、残疾人等特殊群体的基础金融服务可得性和适用性。鼓励市、县财政设立中小微企业信贷风险补偿资金,探索安排一定资金,专项用于持续增资政策性融资担保机构和再担保机构、担保代偿补偿资金、信贷风险补偿资金。

加强地方金融工作部门组织和能力建设,着力增强各级政府金融监管的履职能力。切实落实监督管理部门对非法集资的防范、监测和预警等职责。落实属地管理要求，市、县级人民政府作为本行政区内防范和处置非法集资工作的第一责任人，对辖区内防范和处置非法集资工作负总责，严守不发生系统性和区域性金融风险的底线。

（6）在强化组织保障和推进实施方面

①加强组织领导和完善相关政策法规。在省金融改革发展领导小组内设立推进普惠金融工作专责小组，负责指导推进全省普惠金融工作，加强与中央和国家部委的汇报沟通和争取政策支持，加强与开发性政策性银行等金融机构的沟通协调，深化与其他国家和地区、兄弟省份的交流。专责小组每年组织对部分地区发展普惠金融工作进行督导，5年内要实现对全省地级以上市督导全覆盖。各地级以上市要加强组织领导，参照省的做法，完善协调机制，结合本地实际制定实施方案并抓好贯彻落实，把推进普惠金融发展工作作为重要内容纳入目标责任考核和政绩考核。各地级以上市政府及各牵头单位每年1月底前向省金融办报送本地区或本单位牵头事项的贯彻落实情况，省金融办汇总形成总体评价报告并上报省政府。

加快推进普惠金融制度化建设。各有关单位要及时研究制订国家普惠金融法律法规实施细则或配套措施，督促各地抓好贯彻落实。各地要积极探索土地经营权、宅基地使用权、技术专利权、设备财产使用权和场地使用权等财产权益确权、登记、颁证、流转等方面的规章制度建设。完善知识产权质押登记管理办法，发布知识产权质押评估技术规范。

②大力培养金融人才。创新金融人才培养模式，努力建设一支高素质的金融管理人才队伍。通过选派经济管理部门和省属金融机构管理人员到专业金融院校集中培训，到金融机构总部和金融机构挂职工作等多种途径，深化广东省与中央金融机构战略合作，积极邀请中央金融监管机构、中央金融机构总部干部到广东省挂职工作。鼓励各地政府与金融机构开展双向挂职交流。

③建立监测评估和统计体系。建立广东省推进普惠金融发展的监测统计体系，定期统计分析和反映各地区、各机构普惠金融发展状况。开展普惠金融专项调查和统计，全面掌握普惠金融服务基础数据和信息。构建普惠金融绩效评估考核指标体系。根据广东省经济金融发展情况，选择相对科学合理、数据可获得的指标，从金融服务覆盖率、金融服务产品和服务方式多样化、金融服务成本、金融服务便利性、金融服务满意度和金融服务基础设施建设等方面建立普惠金融发展指标体系，形成动态评估机制。

④开展试点示范和实施专项工程。各地要结合广东省农村普惠金融"村村

通"试点,加快推进普惠金融发展。对涉及面广、需要深入研究解决的难点问题,可在小范围内分类开展试点示范,待试点成熟后再总结推广。各地、各有关部门要围绕普惠金融发展重点领域、重点人群,统筹各方面资源,大力推进金融知识扫盲、移动金融、就业创业金融服务、扶贫信贷、大学生助学贷款等专项工程,实现普惠金融的发展目标。

4.4.2 广东省普惠金融"村村通"建设实施方案

2017年为了进一步推进农村地区普惠金融,广东省又推出了普惠金融"村村通"建设实施方案。采取两个"依托"的原则,全面建设"四个基本平台",积极推广各类支农惠农贷款业务。普惠金融"村村通"试点县(市、区)全部建成综合征信中心,试点县(市、区)建设信用村数量达到行政村总数的60%以上,乡村金融服务站和助农取款点建设实现行政村全覆盖。一是以人民银行信息系统为依托,县级人民政府为责任主体建设县级综合征信中心。二是以村委会为依托,开展信用村建设,建设乡村金融(保险)服务站,运用互联网技术升级乡村助农取款点为乡村互助取款点。三是积极推广农村"两权"抵押、"政银保"合作农业、妇女创业小额担保、扶贫小额信贷、支持当地特色产业发展等贷款。

(1)建设县级综合征信中心

以人民银行信息系统为依托,省、市、县三级提供财政支持,综合采集公安、工商、法院、税务、海关、国土、环保等政府部门的非银行信用信息数据,建立综合性信用信息共享平台。人民银行主要负责对信息系统建设提供业务指导和技术支持,各市县政府主要负责部门和机构协调工作,各地要尽快明确县级综合征信中心的机构性质、人员编制和经费保障等问题。其中,农户信用信息系统,原则上统一推广使用人民银行广州分行"广东省农户信用信息系统";企业信用信息系统,条件成熟的使用人民银行广州分行"广东省中小微企业信用信息和融资对接平台"。不设县的地级市按照实际情况建设市级综合征信中心。人民银行未设分支机构的城区,可依托市中心支行或依据各地实际情况建设综合征信中心。

(2)建立农户信用等级评定制度

由县(市、区)政府牵头,以镇、村为主,动员符合条件的农户自愿参加信用评定;成立由村"两委"、金融机构、农户代表、乡镇干部组成的农户信用评定小组,依据《广东省信用户、信用村、信用镇的划分和评定工作指引》,

制定适合本地区实际的信用评定标准，对农户信用等级进行评定，评定结果实行定期张榜公示，接受全体村民评议监督；支持涉农金融机构在风险可控的前提下加大对信用户实施授信，信用户评级可以作为涉农金融机构对信用户实施授信的参考，根据信用评级给予贷款价格、放贷额度、审贷流程等方面便利优惠。地方政府要制定出台"守信激励、失信约束"配套措施，鼓励和引导广大农户参与信用等级评定。

（3）建设乡村金融（保险）服务站

依托村委会建设乡村金融（保险）服务站。有条件的地区可设立镇一级乡村金融服务站。乡村金融（保险）服务站主要包括以下功能：一是宣传、普及金融知识和政策，协助开展农村金融消费者权益保护工作。二是提供信用评级结果查询、农户信用信息收集、金融业务代理等服务。三是协助地方政府构建"政银保企农"五方对接平台，提供产融对接等金融服务。四是通过选聘乡镇保险协保员，协助办理政策性涉农保险宣传、承保、理赔等服务。五是协助开展提供其他涉农金融业务和服务。六是有条件的行政村布设移动支付、互联网金融宣传推广机构。

（4）建设乡村互助取款点

以村委会为依托，在引导农信社、农业银行、邮政储蓄银行等涉农金融机构在农村建设乡村助农取款点的基础上，升级建设乡村互助取款点。启动广东省农村地区移动支付专项推广工程，大力推广手机支付、网上银行等移动支付服务，加大移动支付宣传力度，拓展农村地区移动支付普及及应用范围。同时，提供小额助农取款、刷卡消费、转账汇款、水电费代缴、话费充值、新农保和新农合领取、小面额人民币现金兑换、残损币收兑和反假货币咨询等金融服务。鼓励金融机构在农村布放支持可循环、小额币种功能的 ATM 和其他自助终端，积极推广手机支付及其他新兴支付方式。已布设银行服务网点的行政村可视为已经建设乡村互助取款点，除当年新建设的取款点外，不纳入省财政专项资金奖补范围。

（5）探索创新各类农村产权融资模式

按照"依法有序、自立自愿、稳妥推进、风险可控"的总体原则，做好农村承包土地的经营权和农民住房财产权抵押贷款试点工作，稳妥有序推进农村承包土地的经营权、农民住房财产权"两权"抵押贷款试点业务。同时大力探索开展农村集体建设用地使用权、林权、大型农机具等抵押贷款试点业务。建立健全县、镇、村三级农村产权流转管理服务交易平台，实现互联互通，整合农村产权登记信息和动态管理资料，加强农村"三资"监管，为农村产权交易提供"一站式"服务。

（6）推广"政银保（担）"合作农业贷款

省级政府加强对"政银保（担）"合作农业贷款业务的指导，地方政府与银行机构、保险公司、融资担保机构签订多方合作协议，由政府资金进行综合增信或贴息，银行机构为符合贷款条件的融资对象发放农业贷款，保险公司对贷款本金提供保证保险，融资担保机构进行担保，建立农业贷款风险分散机制，鼓励各地探索适合本地区特点的"政银保（担）"新模式。

（7）推广妇女创业小额担保贷款

积极推广省妇联、省财政厅、人民银行广州分行联合实施的"妇女创业小额担保贷款贴息项目"，充分发挥财政资金引导作用，增加地方财政和吸引社会资本投入，为农村妇女创业提供小额担保贷款贴息扶持，帮助农村妇女创业致富。

（8）推广扶贫小额信贷

丰富扶贫小额信贷产品和形式，创新贫困村金融服务，改善贫困地区金融生态环境。扶贫小额信贷覆盖建档立卡贫困农户的比例和规模有较大增长，贷款满足率有明显提高。对符合贷款条件的建档立卡贫困户提供5万元以下、期限3年以内的信用贷款，支持建档立卡贫困户发展扶贫特色优势产业。同时，鼓励各地结合各种扶贫项目和各类扶贫基金，结合本地实际开展金融服务和产品创新。

（9）提升金融促进农业产业发展水平

一是沿海农村地区结合实际推广渔船改造、渔业养殖贷款业务，创新抵押或担保方式，以燃油补助等政府补助资金为抵押或担保，发放贷款，为渔船改造和渔业生产提供资金支持。二是支持山区推广农业种植、家禽养殖业等当地特色产业贷款，支持农户改善生产条件，增加生产投入，发展当地特色产业。三是推广人民银行金融基础服务设施在农业领域的应用，支持农户利用应收账款融资服务平台开展应收账款质押贷款及保理业务，拓宽农户融资渠道，加大对农户生产投入的资金支持。四是推进农业信贷担保体系建设，完善广东省农业信贷担保体系建设工作，加快引导推动金融资源投入"三农"领域，建成覆盖粮食主产区及主要农业大县的农业信贷担保网络，推动形成覆盖全省的政策性农业信贷担保体系，支持新型农业经营主体做大做强，促进农业适度规模经营和农业发展方式转变，推进农业现代化。五是加大对农业经营主体政策性农业保险支持力度，扩大政策性农业保险覆盖范围，提高保险保障水平，改进政策性农业保险服务。

支持沿海的大亚湾农村地区结合实际推广渔船改造、渔业养殖贷款业务，创新抵押或担保方式，以燃油补助等政府补助资金为抵押或担保，发放贷款，为渔船改造和渔业生产提供资金支持；支持博罗地区围绕健康产业发展规划打造"旅游＋康养"基地，引导金融机构加大信贷投放扶持中医药产业发展；支持龙门县山区推广农业种植、家禽养殖等当地特色产业贷款，支持农户改善生产条件，增加生产投入，发展当地特色产业。如邮储银行惠州分行对龙门县的惠州兴泰现代农业有限公司提供信贷资金 400 万元，年利率 3.05%，为农业种植发展提供了有力的金融支撑。

惠东农商行面向"蚝乡"之称的惠东县铁涌镇生蚝养殖户，推出特色化的信贷品种"蚝宝贷"支持当地村民扩大生产经营规模。

（10）提升珠三角发达农村地区普惠金融效能

一是成立专业镇金融服务中心，搭建专业镇金融服务综合平台，建设专业镇网上金融超市，支持金融机构根据不同专业镇特点设计专门金融产品。二是推广社区银行和小微支行，引导银行深入社区、小微企业和专业市场，支持商业银行合力增加 ATM 机等机具布放数量，提高便民金融服务水平。三是建设村居金融服务站，在乡村金融服务站基础上拓展其证券、理财、互联网金融等服务功能。四是发展消费金融，推动开展消费信贷业务，着力扩大居民文化、旅游、健身、养老、家政等服务消费需求。五是创新涉农贷款抵质押方式，稳妥推进农村承包土地经营权抵押贷款试点，待试点工作积累经验后再稳步推广。六是创新发展农村集体经济，支持集体经济以土地、物业或自有资金，通过直接入股、合作开发、信托投资等多种方式，参与"三旧"改造、园区开发、经营性基础设施建设等投资项目。

4.4.3 广东省促进农村电子商务发展实施方案

为加快推进广东省农村电子商务发展，广东省人民政府办公厅制订了《广东省促进农村电子商务发展实施方案》。要求到 2020 年，全省农村电子商务应用水平显著提高，农村电子商务支撑服务体系基本建立，城乡产品双向流通渠道基本形成，农产品网络销售及农村网络购物规模持续扩大，整体发展水平居全国前列。在全省建成 50 个县级电子商务产业园和 100 个乡镇电子商务运营中心，实现农村电子商务服务站在行政村全覆盖。全省农产品电子商务年销售额保持30%以上增长。农村电子商务企业竞争力显著增强，培育5家年销售额10亿元以上、20家年销售额亿元以上、100家年销售额5 000万元以上的农村电子商务企业。遴选100家农村电子商务示范企业，建设3至4个国家级农村电子商务综合示范基地，培育一批集聚效应强的涉农电商平台。培训10万名农村电子商务应用技术人才，从业人员素质显著提升。主要工作任务包括：

（1）鼓励各类资本参与农村电子商务发展

拓展资金来源渠道，引导和鼓励电商、金融、商贸、流通类民营资本和外资投资农村电子商务。完善农业资本与商业资本融合发展的方法和渠道，支持农村中小电商企业、电商服务企业、现代农资企业等通过资本市场发展壮大。促进投资主体多元化，引进国内外知名的综合性、专业性第三方电子商务平台或龙头企业投资农村市场。鼓励有条件的金融机构大力发展普惠金融，参与建设集农产品、农制品、农村旅游文化产品、电子综合服务于一体的电商平台，主动服务"三农"，推动农村一二三产业融合发展。

（2）发展壮大涉农电子商务企业

支持国家电子商务农村综合示范县（龙川县、饶平县、平远县、南雄市）和全国供销合作总社电子商务示范县（高州市、阳山县、英德市、新兴县、大埔县）建设，培育一批有影响力的农村电子商务企业。实施全省农村电子商务示范工程，规划建设线上线下融合的农村电子商务产业园、科创中心、乡镇电子商务创业中心和孵化基地等集聚区，积极稳妥推进跨境农产品电商试点。鼓励基层供销社、农业龙头企业、品牌农产品经营企业设立电子商务公司，引导农村电子商务产业链上下游企业集聚发展，增强示范带动效应。加快推进涉农网商转型发展，在农资供应、农产品购销、农技服务、地方特色农副产品开发等领域带动更多的中小微农村电子商务主体发展。立足农村资源优势和网络市场需求，集中力量吸引一批有实力的国内电子商务运营企业在广东省农村开拓市场。

（3）培育农村电子商务服务商

引导和规范农村电子商务中介服务组织发展，积极引入国内外优质电子商务服务商资源，培育一批农村电子商务服务商示范企业，提供咨询、网店建设、营销管理、托管代运营、品牌培育、物流方案、法律咨询、技术支持等专业服务。支持各地和相关行业建立健全农村电子商务综合服务平台，根据农户需求推动高附加值的电商服务类产品和项目开发应用，提升农村生产生活便利化水平。

（4）促进农产品"上网触电"

引导农村地区传统生产企业、市场经营主体积极开展信息化、电商化改造，创新商业发展模式，优化业务流程，实现线上线下融合发展。丰富农产品在"广货网上行"活动中的促销内容和形式，创新网购促销手段，大力扶持经营省内名优农产品、农制品和农村旅游文化产品的本土电商平台建设，推进产、供、销一体化联营。将农产品电商与城市社区电子商务结合，鼓励农民专业合作社与城市社区建立长期稳定的产销合作机制，发展"基地标准化生产＋智能化社区直供"的农社对接新模式。鼓励农业生产基地或园区建设农村名优特色产品线下体验店，深入推进全省跨区域农产品线上线下融合发展。支持广东省农村地区与国内大型电子商务企业探索多样化网络促销机制，提高产品线上交易转化效率。

（5）畅通消费品下乡进村渠道

以电子商务、信息化及物流网络为依托，以"万村千乡市场工程"为基础，加快推进农村现代流通网络建设，加强商贸流通、供销、邮政等系统物流服务网络和设施建设与衔接，畅通日用消费品下乡进村渠道。构建覆盖县、镇、村的电子商务运营网络，支持县村级基层服务网点发展成为农村电子商务服务终端，鼓励邮政快递、乡村商贸和供销网点提供自提、配送、电子支付、代购代销、代存代取等服务，进一步拓展农村物流渠道功能，有效对接区域电商公共服务平台。

（6）扩大电子商务在农业生产中的应用

推广农资生产领域大数据应用，鼓励大型骨干农资企业创新农资产品互联网分销模式，引导农业企业开展农资产品电子商务批发与零售交易。通过预购预售、供应链订单、双向经营等方式，预判市场变化情况，促进农资产品"以销定产"配置资源，引导农业生产方式转变，有效降低农业生产经营成本。

（7）支持通过电子商务创业就业

加快农村电子商务创业园建设，为农村青年搭建集创业辅导、技能培训、投融资服务等功能于一体的农村电子商务创业平台，培养一批农村电子商务专业人才。培育农民增收新模式，促进农业产加销紧密衔接，支持家庭农场、种植大户、农民专业合作社开办"农家网店"，创新发展订单农业和特色农产品在线营销，带动更多农民通过电子商务创业致富。

（8）建设多层次农村电子商务平台

支持农产品交易中心电商化转型，鼓励有条件的农产品批发市场建设一体化的涉农企业间电子商务交易（B2B）平台和企业与消费者间电子商务交易（B2C）平台，推动农产品网上购销对接。加快农村电子商务平台与农业产业化基地、农产品营销大户、大型超市、大型餐饮连锁企业对接，提高农村电子商务整合产业链资源的能力。促进大宗农产品电子商务现货交易平台规范发展。

（9）加强农村信息基础设施建设

加快推进农村信息网络设施建设，实现行政村宽带全覆盖。创新电信普遍服务补偿机制，提高农村网络普及水平和接入能力，推进农村互联网提速降费，提升网络服务质量。加快推动 LTE 新一代无线通信技术和产品应用，推进 4G 网络向乡镇和行政村延伸，推动信息技术在农业生产、流通、采购营销等领域的普及和应用，缩小城乡信息化发展差距。

（10）增强物流支撑与配送能力

推动广东省农产品流通骨干网建设，完善农村公路、货运站等物流基础设施建设。支持建设复合型农村物流枢纽和节点，鼓励依托农村客运站拓展物流服务功能。实施"快递下乡"工程，支持邮政、供销合作社、快递企业及涉农电商企业自营物流向农村地区加快延伸，建设覆盖县、镇、村的邮政快递服务网络和农村供销综合服务平台，提高服务能力。促进农村物流枢纽基地与优势农产品生产基地、批发市场以及城市社区、超市等有效衔接，鼓励在农村地区推广电子信报箱智能快递服务，提高农产品、农资、农村消费品集散和配送效率。支持冷链物流企业建立田头预冷、仓储保鲜、冷藏冷冻混合运输等冷链系统，解决从田间到商场、超市、电商企业"前端一公里"的物流问题。

（11）建立健全市场监管体系

加快建立农村电子商务行业规则体系，与农业质量检测监测系统实现有效对接。完善省级农产品质量安全追溯管理信息平台，强化全过程管理。加大对农村电子商务的监管，构建农村电子商务经营和消费主体纠纷投诉与调解处置机制，引导企业诚信生产经营。加大对网络涉农产品违法案件查处力度，维护公平竞争的市场秩序。建立健全适应农村电子商务发展的农产品质量分级、采后处理、包装配送等标准体系。加强农村电子商务统计监测，建立完善相关统计体系和数据库，规范统计口径，为企业经营与政府监管提供数据支撑。

（12）提升金融服务水平

鼓励和支持金融机构与农民专业合作社等组织合作，开发适应农村电子商务发展需求的惠农金融服务产品，创新农村电子商务投融资机制，简化贷款手

续。加快各地县级综合征信中心和农村电子商务信用体系建设，支持金融机构
与第三方电商企业合作利用电子商务综合服务平台数据资源，科学评估企业经
营状况，防范信贷风险。鼓励金融保险机构搭建农村电子商务创业贷款信用保
证保险渠道，探索开发涉及质量、灾害等因素的农产品电商保险。支持金融机
构加强支付工具的研发创新，便于农产品交易线上和移动支付。

（13）落实相关扶持政策

认真贯彻落实国家扶持农村电子商务发展的各项政策，统筹省级财政资
金，重点支持创建国家和省级农村电子商务示范基地、示范企业、产业园区和
涉农电子商务平台。制定差异化扶持政策，加大对粤东西北地区农村电子商务
扶持力度。把电子商务纳入新时期精准扶贫、精准脱贫三年攻坚部署，积极推
进"互联网＋精准扶贫"农村电子商务扶贫项目，鼓励引导电商企业建设贫困
地区，尤其是原中央苏区、革命老区和少数民族地区特色农产品网上销售平
台，提升贫困地区运用电子商务创业增收能力。

（14）加强人才培养和宣传

完善农村电子商务人才培养机制，将培训工作纳入省级培训工种范围，并
给予资金补助。鼓励全省高校、职业院校与电商企业合作探索农村电子商务人
才培养长效对接机制。鼓励各地组织形式多样的农村电子商务培训，加快引进
一批农村电子商务中高端人才。制订"电子商务进农村"宣传计划，充分发挥
媒体作用，着力营造有利于促进农村电子商务发展的舆论氛围。支持国内知名
电商企业在农村开展主题宣讲和体验活动。

4.4.4　广东省发展普惠性科技金融政策

为加快推进创新型省份、珠三角国家自主创新示范区建设和全面创新改革
试验工作，进一步扩大科技金融的普惠面，更好服务科技型中小企业发展和激
发大众创新创业活力，不断增强实体经济发展新动能，广东省科技厅制定了
《关于发展普惠性科技金融的若干意见》。主要内容包括：

（1）探索设立科技股权基金，引导银行开展科技企业股权质押贷款业务

鼓励粤科金融集团等风险投资机构联合银行及社会资本，试点设立科技股
权基金，引导银行金融机构积极开展科技股权质押贷款业务；鼓励银行、投资
机构、担保、保险等多方联动，为企业创新活动提供股权、债权、保险相结合
的融资服务，鼓励有条件的市县按规定予以支持。支持银行进一步完善创新驱
动的金融服务机制，开辟科技企业股权质押贷款业务绿色专门通道。

（2）用好科技企业信贷风险准备金，引导银行扩大科技信贷

发挥财政科技专项资金的杠杆作用，用好科技信贷风险准备金，为处于种子期、初创期的科技型企业融资提供政府增信，引导银行加大对科技型中小微企业的信贷支持力度。加强对省内科技企业孵化器的支持，落实科技企业孵化器信贷风险补偿资金优惠政策，促使银行信贷惠及广大科技型中小微企业和青年创客。

（3）鼓励和支持金融机构开展金融创新，积极开发普惠性科技金融产品

鼓励银行机构设立科技支行或从事科技型中小微科技企业金融服务的专业分支机构、部门，改革信用评估和信贷审查办法，开发普惠性科技金融产品；在确保风险总体可控的前提下，提高科技型中小微企业和青年创客的可贷性，扩大科技金融的惠及面。加强对省内金融机构科技信贷政策导向的效果评估，依据评估结果对金融机构实施适当的激励政策。充分发挥贷款保证保险的支持作用，提高科技型中小微企业的融资能力。

（4）加强科技转贷扶持工作，降低科技型中小微企业融资成本

鼓励各市设立"科技企业转贷周转金"或者"政策性担保资金"，为贷款即将到期而足额还贷出现暂时困难的科技型中小微企业按期还贷、续贷提供短期资金支持，缓解企业暂时性资金周转困难。鼓励银行对信用度高的科技型中小微企业，在其主动申请后提前开展贷款调查和评审，符合条件的予以办理续贷，有效解决贷款到期转贷问题。

（5）大力发展风险投资和天使投资，引导创业投资资金投向前端

鼓励设立风险跟投资金，对确属科技型企业风险投资和天使投资的省内投资案例，按照一定比例予以直接跟投，并按本金退出让利，引导风险投资和天使投资资金投向种子期、初创期的科技企业。落实科技企业孵化器的创业投资风险补偿政策，省级和国家级众创空间享受科技企业孵化器的创业投资风险补偿政策。

（6）鼓励发展科技企业并购基金，加快经济产业转型升级

鼓励在珠三角国家自主创新示范区设立科技企业并购基金，以控股或参股的方式获得国内外具有核心技术或具备发展潜力的高新技术企业股权。以并购方式，整合、重组、改造产业链上的企业、关键技术和资源配置，加快产业转型升级。

（7）加强科技金融服务，完善全省科技金融服务体系

推进全省科技金融服务体系建设，发挥服务体系的专业服务和网络优势，建设科技型企业信用数据库。鼓励科技金融综合服务中心等专业机构与银行联动，提供更具特色和定制化的科技金融增值服务，为科技型中小微企业和青年创客提供创业导师、融资尽职调查、上市辅导等服务。省市科技财政资金对成效显著的科技金融服务机构按规定给予补助支持。

（8）加强科技金融人才队伍建设，实施科技金融特派员计划

加大科技金融人才培养力度，鼓励高等院校建立科技金融教育、培训和研究基地，加强科技金融相关学科建设，提高科技金融人才培养水平。支持建设科技金融类重点实验室等平台基地，鼓励符合条件的高层次科技金融人才参选国家"千人计划"、"万人计划"和广东省"珠江计划"、"特支计划"等重大人才工程。探索与发达国家及我国港澳台地区建立科技金融人才交流培养机制，拓宽高层次科技金融人才引进培养渠道。实施科技金融特派员工作计划，加快培育一批既懂科技又懂金融的复合型人才，提高科技金融从业人员服务能力和服务水平。

（9）引导金融服务与科技"四众"平台融合发展，为创新创业提供有力支撑

开展"互联网＋"创新创业示范城市、示范区镇、示范大学、示范企业等试点工作，推动科技"四众"（众创、众包、众筹、众扶）平台建设发展。支持创投机构和社会资本投向科技"四众"平台的初创期科技型企业；鼓励科技融资担保、科技小额贷款、科技融资租赁、科技保险等机构与科技"四众"平台协同开展普惠性科技金融服务，鼓励银行与科技"四众"平台融合创新，为科技型中小微企业和青年创客的创新创业活动提供信贷融资，运用互联网金融促进创新创业。

（10）进一步完善财政科技投入方式，提高科技政策创新与金融政策创新的契合度

创新财政科技投入方式，着力推动科技政策和金融政策的创新融合。与人民银行再贷款、再贴现等货币金融政策相结合，加强对省内金融机构的科技信贷政策导向。与创业投资基金相结合，引导社会资本投资于初创期、成长期的科技型企业。建立和完善以财政科技投入为引导，以银行信贷和风险投资等金融资本为支撑，以民间投资为补充的多元化、多渠道、多层次的科技投入体系，形成驱动创新的强大动力。

（11）在珠三角国家自主创新示范区先行先试，加强组织保障协同推进

加强组织保障和统筹协调，建立省科技厅牵头，省发展改革委、经济和信息化委、财政厅、金融办、工商局、国税局以及人民银行广州分行、广东银监局、广东证监局、广东保监局等部门参加的协调推进工作机制，多方联动推进意见实施。加强检查督查，建立健全考核指标体系，把推进普惠性科技金融发展工作作为省创新驱动发展考核的一项重要内容。在风险可控、依法合规的条件下，鼓励地方先行先试，重点在珠三角国家自主创新示范区内开展试点示范，争取尽快形成可复制推广的经验。

4.4.5　广东特色产业贷款及乡镇特色贷款政策

为了因地制宜地发展普惠金融，支持当地特色产业发展，广东省各市区出台了针对本地特色产业的贷款政策。

（1）农业龙头企业

打造"大帮小"、"一带多"生猪信贷模式。银行机构依托龙头生猪养殖企业，向其上下游企业或合作养殖户发放贷款，有效发挥"大帮小"、"一带多"的辐射效应。例如，云浮、梅州市银行机构依托温氏集团累计向生猪养殖户发放贷款金额超 11 亿元，惠及 1 400 余户。广东华兴银行推出以龙头企业正邦集团为核心的综合金融服务方案，对正邦集团推荐的合作生猪养殖户采取线上审批的批量授信，发放贷款金额达 9 亿元。

（2）农业产业供应链

打造"珠海海鲈"、"江门新会陈皮"链式金融模式。广东银行业保险业跟踪支持农业产业链建设，提供覆盖生产、加工、销售各环节的综合性金融服务。例如，珠海市的银行保险机构推出海鲈"1＋N"链式金融模式，通过市区两级政府、饲料生产商（粤海饲料、海大集团）、村委（白蕉镇）、协会（农产品流通协会、渔业协会）等四个维度进行链式营销开发，2020 年累计为斗门海鲈养殖行业发放贷款 1.63 亿元，全方位打造中国"海鲈之都"。江门市银行保险机构 2016 年以来围绕江门新会陈皮的生产、加工、科技、营销等全产业链环节，推出"陈皮产业园贴息贷"、"政策性柑树种植保险"、线上"陈皮 e 贷"、"惠农 e 商"电商平台等，推动陈皮总产值由 10 亿元增长至 85 亿元，公共品牌总价值突破 100 亿元。

根据地方农情实际，打造"农房风貌贷"模式。例如，茂名市银行机构因地制宜创新推出"荔乡风貌贷"，以根子镇元坝村"大唐荔乡田园综合体"建设区域为试点，深入田间地头搜集第一手农户资料，以纯信用授信方式发放贷款用于元坝村等地农村居民自建房屋或改善住房。"荔乡风貌贷"作为金融产品创新的典型在 2020 年 9 月全省农房管控和乡村风貌提升（粤西）现场推进会上宣导推广。

抵押物管理技术。打造"区块链＋金融＋征信"生猪活体抵押贷款模式。例如，广东省联社在全省推广"真猪贷"，积极引进广州码上服农信息科技有限公司的"真知码"区块链溯源技术，通过对生猪个体进行身份识别，让每头生猪都有一个"真知码畜禽身份证"耳标，构建动态数据库、打造"码上服农平台"，形成生猪从出生、交易、防疫、保险、评估、确权、抵押、贷款，到销售、还款的全过程大闭环，确保生猪可溯源，切实解决了信息不对称、金融征信不足的痛点问题。试点机构清远农商银行在短短两个多月内，通过"真猪贷"产品有效带动支持生猪企业贷款 3 亿元，带动生猪养殖 15 万头。

5 广东普惠金融发展水平评价

5.1 广东省普惠金融发展已取得的突出成绩

广东金融系统积极推动普惠金融发展,深入推进农村金融改革创新,加快农村普惠金融建设,取得了显著的成效。以社区金融服务站、农村金融服务站为载体和平台,以示范点、示范村、示范镇和试验区为抓手,围绕解决金融服务"最后一公里"问题,积极探索,不断创新,采取多项有效措施推动普惠金融取得长足发展,积极改善小微企业和"三农""融资难"、"融资贵"问题,普惠金融水平和服务能力不断提升,普惠金融生态环境不断优化。全省已形成了金融市场比较健全,金融体系不断完善,金融产品日益丰富,金融服务普惠性增强,金融改革有序推进,金融监管持续增强,金融运行平稳的大格局。

5.1.1 普惠金融供给

不断扩展普惠金融服务的覆盖面和渗透率,是发展普惠金融的必然途径。自 2014 年实践普惠金融以来,广东省的普惠金融发展广度呈现出逐年增加的趋势。具体表现为,金融机构网点数量不断增加,形成由政策性银行、商业银行发挥主体骨干作用,村镇银行以及中国农村合作金融机构等新型农村金融机构协同发展的组织服务体系。截至 2019 年 9 月末,银行业金融机构已实现广东省内村级行政区全覆盖,金融服务空白区域为 0。大型国有银行在农村区域的金融服务覆盖面更广,居民得以享受更高效便捷的基础金融服务。截至 2019 年末,广东省中资金融机构数上升到 16 529 家,呈微弱增长态势,比 2005 年增加了 1 096 个,增幅达到 7.1%。随着广东省农合机构改制继续推进,银行业机构总计 16 959 个,从业人员总计 363 622 人,从业人员数同比增加 3.5%。截止到 2020 年 5 月末,广东省农合金融机构涉农贷款余额达 4 862 亿元。新增 6 家法人机构,法人机构总计 212 个,地方银行业组织体系进一步完善,经营效率有所提升,业务范围持续扩大。对保险公司而言,总部设在广东省辖内的保险公司数量为34家，其中，财产险经营主体共14家，人身险经营主体共11家，保险公司分支机构共77家，广东省保险业实现保费收入5 496.7亿元，规模位居全国第一，同比增长17.84%，总体而言，2014—2020年间，广东省金融服务规模基本保持持续增长的态势，金融规模扩大的同时为广大市场经济主体提供了大量金融服务。

此外，全省各地区个人银行卡结算账户数量稳步增长。广东省人均持卡量和人均银行账户等指标位居全国前列，金融服务便利性不断提升。截至2019年6月末，广东省（不含深圳）的人均持卡量为6.55张，比全国人均持卡量要多出0.85张。在加速支付活动向移动端迁移方面，广东省也走在了全国前列。2018年，广东省移动支付的交易笔数、金额均跃居全国首位，近七成商业银行的客户使用电子支付比例高达80%以上。上述数据表明，近年来，广东省普惠金融服务的覆盖面越来越广，惠及人群也越来越多。这主要得益于广东省金融业不断优化其物理网点布局，加强电子渠道建设，填补各偏远地区金融服务空白，使得各地区金融服务环境得到持续改善。

在金融体量不断壮大之余，金融业服务实体经济能力也显著提升，民营小微企业等领域普惠金融服务得到明显改善。其中，普惠小微贷款实现"增量、扩面、质优、价降"。2020年12月，广东商业银行（不含深圳）新发放企业贷款加权平均利率为4.44%，比上年同期下降0.45个百分点；其中小微企业贷款加权平均利率为4.85%，比上年同期下降0.58个百分点。2020年末，广东民营企业贷款余额5.48万亿元，同比增长20.1%，增速比上年末高2.9个百分点；比年初增加8 997亿元，同比多增2 191亿元。民营企业贷款占企业贷款余额比重55.1%，与广东民营经济增加值占地区生产总值份额基本相当。普惠小微贷款余额2.09万亿元，同比增长39.1%，占各项贷款余额比重10.7%，比上年末高1.7个百分点；比年初增加5 877亿元，同比多增2 029亿元。普惠小微贷款户数188.93万个，比上年末增加22.95万户。普惠小微企业信用贷款余额2 017亿元，同比增长132.2%，占普惠小微企业贷款余额比重25.7%，比上年末高9.9个百分点。

在此基础上，广东省普惠金融服务效率也显著提升。中大型银行设立聚焦服务小微企业、"三农"、脱贫攻坚及大众创业、万众创新的普惠金融事业部，建立专门的综合服务、统计核算、风险管理、资源配置、考核评价机制。带动地方法人金融机构和新型金融业态进一步明确定位，回归本源，向县域和基层聚拢。发挥保险公司保障优势，农业保险快速发展，发病保险全面实施，贫困人口商业补充医疗保险积极推进。从普惠金融薄弱环节——农村金融服务效率来看，在普惠金融引导下，农村金融服务效率也在提升。在广东，全省 64 家需改制农信社顺利完成改制任务。改制后的农商行不良贷款率较改制前下降超 8 个百分点，法人治理结构和资产质量明显改善，成为金融扶贫和支农主力军。截至 2020 年 5 月末，广东省农合金融机构涉农贷款余额 4 862 亿元，同比增长 11.51%。

5.1.2　普惠金融的需求

近年来，在广东省委、省政府和各地市不断推动普惠金融发展的共同努力下，金融支持"三农"发展以及小微企业发展的力度持续加大。普惠金融的深度呈逐年增长态势。

随着农村金融基础设施的不断改善，信用环境的不断好转，农村金融的服务水平不断提升，普惠金融建设取得了良好成效，有效提高了贷款需求，金融服务的可获得性明显提升。与 2012 年末相比，2015 年 1 季度末，12 个地市农户贷款覆盖率为 7.51%，提高 3.42 个百分点；农村人均银行账户数 2.78 个，增加 1.01 个；农村人均持有银行卡 1.68 张，增加 1.02 张。2014 年，12 地市农村人均使用移动设备交易 2.19 笔，增加 1.5 笔，非现金交易的推广，实现了村民足不出村就能享受到存取款等基本金融服务，农民获取金融服务的成本大幅降低，有效提升金融服务需求。此外，农村金融服务的满意度明显改善。随着农村信用环境的改善，金融机构开拓农村市场积极性增加，农村金融产品不断丰富，服务手段不断创新，村民们对金融服务的满意度不断提升。与 2012 年相比，2014 年农户贷款申请获得率为 55.20%，提升 3.58 个百分点；农户贷款户均余额为 32.37 万元，增加 7.4 万；农户信用档案建档率为 89.68%，提高了 53.69 个百分点；农村金融服务投诉率为 0.4%，降低了 1.64 个百分点。

贷款需求明显。根据已有的统计结果，在贷款方面，无论是农户的贷款还是小微企业贷款始终保持着较大幅的增长。截至 2019 年一季度末，广东银保监局辖内银行业金融机构小微企业贷款余额 2.12 万亿元，占各项贷款超过 1/5。其中，普惠型小微企业贷款，即单户授信总额 1 000 万元及以下小微企业贷款，余额为 6 815 亿元，较年初增长 10.25%。大型银行分行普惠型小微企业贷款余额较年初增长 17.97%，高于各项贷款平均增速超过 10 个百分点，一季度发放的普惠贷款利率较上年平均水平下降 24～64 个 BP，充分发挥了

"头雁"作用。

5.1.3 普惠金融的创新发展

广东互联网普及性增强，应用范围扩大。近年来，伴随着互联网技术的快速发展，互联网的普及性越来越强，应用范围也越来越广，根据统计数据显示，2017年，广东省移动电话用户数合计14 796.2万户，占全国移动电话用户数的10.4%，居全国第一；广东省移动互联网用户数达1.17亿户，同比增长18.8%，用户数量排名全国第一。其中，广州、深圳、东莞地区用户占多数，分别为19.01%、18.55%、11.32%。在广东省各区域网民分布情况中，珠三角地区网民数量最多，占比76.59%；粤东、粤北、粤西地区网民数量占全省网民数量的比例分别为8.86%、7.54%和7.01%。可见，广东省紧跟时代，迎合群众需求，为广大群体提供更加便利的金融服务，积极推广着互联网金融的发展。

在普惠金融快速发展背景下，广东省传统农村金融机构——农村商业银行、农村合作银行、农村信用社等加快金融服务创新步伐，其普惠金融服务与产品创新层出不穷，如开展"政银保"新型农业贷款模式、农信社"村财通"打通农村金融服务"最后一公里"、推进农村社区金融服务站建设等，通过金融服务渠道和组织创新，传统的农村金融机构正成为践行普惠金融的主力军。另外，广东省农村地区已涌现出多家村镇银行、贷款公司和农村资金互助社专门从事贷款业务和现代农业投资的私募股权投资基金服务。

新型农村金融组织正成为普惠金融发展的有益补充。除传统金融产品及服务外，广东省移动金融、互联网金融产品更是呈爆炸式增长，为广大低收入群体提供了便捷和性价比高的金融服务，大大提升了金融服务的接触性和可得性。

5.1.4 普惠金融的政策实施

为推动新旧动能转换，广东省在全国率先推出金融服务创新驱动发展一揽子政策，从拓宽多元化融资渠道、建设金融平台和机构体系、完善金融保障机制、注重金融风险防范等多方面提出了具体的政策措施。近年来，广州市陆续出台多项普惠金融政策，积极引导支持普惠金融发展。先后出台《广州市加快改善农村金融服务工作方案》、《广州市农村金融建设资金管理办法》，印发实施《广州市信用村试点建设工作方案》。印发《关于支持和引导金融机构建设农村金融服务站的意见》，作为广州市 2015—2018 年建设农村金融服务站的指导性意见。并出台《广州社区金融服务站建设管理指导意见》，从建设模式、服务内容、经营管理等方面对社区金融服务站做了统一规范。目前，广州市已形成较为完善的普惠金融政策体系，较好地为普惠金融发展提供了政策指导。但由于广东省一直存在农村金融服务短缺的问题，为了推动普惠金融发展和解决"三农"领域最重要的问题，省委、省政府通过加大政策支持激励基层组织积极发展普惠金融，同时以信用建设为基础，大力培养和提高涉农企业和农户的诚信意识以破解"三农"融资难问题，稳步推进普惠金融体系建设。另外，通过政策扶持、市场竞争和金融创新，中小微企业、欠发达地区、弱势群体逐步获得适当的金融产品和金融服务。经过五年发展，广东省普惠金融发展在政府政策支持下，取得了显著成效，获得了阶段性胜利。

政策实施效果显著。从实施效果上来看，广东省普惠金融有了快速的发展，也取得了一定的成效。自 2015 年进行试点以来，农村普惠金融"村村通"试点已连续 3 年列入广东省十件民生实事工作任务目标。2018 年广东省政府工作报告显示，普惠金融"村村通"三年任务顺利实现，推动发放支农助农贷款 174 亿元，政策性农业保险累计惠及 1 031 万农户。截至 2017 年底，各试点地区共建成农村金融服务站 6 704 个，34 个试点县（市、区）实现全覆盖；发放农村产权抵押担保贷款、"政银保"合作农业贷款、妇女小额担保财政贴息贷款和金融扶贫贷款共计 83 亿元。

此外，为了使得乡村地区更加高效地获取金融服务，相关的基础金融设施建设如乡村助农取款点和乡村金融（保险）服务站都已经全部开展建设，其中大部分试点县已经实现了金融服务设备的全覆盖，其他地区也逐步实现。不仅如此，广东省还在普惠金融的各项业务上进行创新，推广农村产权抵押担保贷款工作；为妇女提供专项服务，其中有妇女小额担保财政贴息贷款项目；另外，还有保证农业发展的"政银保"合作农业贷款项目和关注民生的项目金融扶贫贷款项目；在全辖行政村实现"三通"：信用通、站点通、服务通。目前已经取得积极成效。

总体而言，在省市政府的鼓励以及有关政策大力扶持下，当前普惠金融在广东省的服务规模正在不断扩大之中，其金融发展水平也在不断提升。广东全省各地市普惠金融发展稳步且快速，金融覆盖深度广度日益增强，小微企业与"三农"的弱势群体金融需求满足程度日渐提高。与此同时，随着互联网大数据时代的到来，为降低金融门槛，满足更多客户需求，推进普惠金融进一步普及产生了举足轻重的意义。

5.2 广东普惠金融发展过程中需关注的问题

诚然，广东省在发展普惠金融的过程中取得了令人瞩目的成绩。但由于普惠金融的发展涉及经济发展中的众多主体，并且其主体又与传统金融主体存在一定的差异，具有一定的复杂性，使得广东省在发展普惠金融的过程中必然会存在一定的问题。现有文献主要从市场和政府两个方面，普惠金融的供给方（金融机构）、需求方（农户与小微企业）与外部管理者（政府）三个主体阐述普惠金融发展过程中所存在的问题（星焱，2015、2016；王茜，2016；张忠宇，2016）。本节鉴于前人学者的研究，按照这一框架对广东省今后普惠金融发展所关注的问题进行分析。

5.2.1 普惠金融供给方

从普惠金融的供给方来看，广东省的各大商业银行是普惠金融主要的供给主体。但对于商业银行而言，流动性、安全性和营利性是其所需要满足的三个重要原则。普惠金融所服务的对象主要是被传统金融机构排斥的群体，由于受到金融机构排斥的影响，这部分群体的信息透明度较低，商业银行与其存在着较为严重的信息不对称问题，商业银行为这部分群体提供金融服务时将不可避免地提高了其经营的风险与成本。具体而言，从风险的角度上看，信息不对称将会给商业银行造成逆向选择和道德风险问题，使得商业银行无法回收贷款的利息和本金，造成坏账损失，威胁商业银行的资金安全；而从成本的角度上看，商业银行为了降低信息不对称性，降低银行坏账损失的可能性，需要对客户进行调查与监督，从而增加了商业银行的营运成本，降低了商业银行赢利的水平。由此一来，开展普惠金融业务将会与商业银行的原则存在冲突，发展普惠金融不具可持续性。久而久之便会使得商业银行偏离普惠金融业务所服务的对象，转向传统金融服务的一般对象，Morduch（1999）将其称之为"使命漂移"。星焱（2016）指出当商业银行开展普惠金融业务发展缺乏可持续性时，便会产生这种"使命漂移"，减少甚至停止对农户、小微企业的贷款。在20世纪末国有银行和农信社也在农村发挥着普惠金融的作用，但在商业化改革后，为了提高赢利能力，这部分金融机构减少了其在农村的业务，甚至撤离农村网点（星焱，2015）。对于广东而言，广东各地区的发展存在较大的差异，且各地的发展方式也存在较大的差异（肖滨，2011）。根据 2018 年《广东省统计年鉴》显示，珠三角地区的第二产业产值是其他地区的 10～15 倍、第三产业产值是其他地区的 14～15 倍，如图 5-1 所示。因此，当商业银行在发展相对落后的地区发展普惠金融缺乏可持续性时，商业银行就会减少在较落后地区的放款，从而不利于普惠金融的发展。故从供给方的层面上，如何平衡商业银行的风险与收益，让其发展普惠金融具有可持续性，从而使其愿意留在广东较落后地区是广东省今后发展普惠金融所需关注的重要问题。

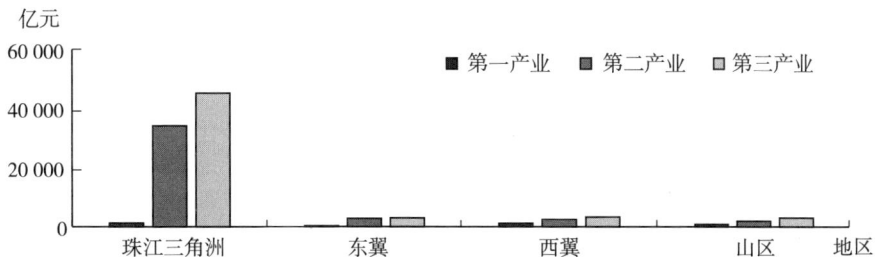

图 5-1 2018 广东省各经济区三产业产值

此外，对于政府推动和主导的普惠金融模式如何实现可持续，也是需要重点关注的问题。对于有政府参与的普惠金融模式，各机构主体可能认为开展普惠金融为"政策性"任务，开展业务有政府兜底，贷款审核程序不严格，不关心后续发展问题。普惠金融可持续发展需要从供给源头抓好，在放贷初始阶段出现程序、观念问题，后续的贷款收回、持续放贷必然会受到影响。因此，在供给侧资金源头，需要规范金融主体的行为与程序，拓宽普惠金融贷款权责广度与深度。金融主体由于缺乏足够的利润驱动，导致参与主动性不够。普惠金融服务的对象为弱势群体，其受客观因素影响，陷入"融资难、融资贵"困境。在短期内，金融主体为该群体提供资金的收益较低，但打开为其提供资金的敞口并形成长效机制可拓宽金融主题服务的广度与深度，形成长期效应。因此，需要改变各金融主体的"短期效益"观念。利润受到成本影响，普惠金融服务对象大多是"中小微弱"，单笔服务金额小，单个客户服务成本高。如何使用互联网、大数据、云计算、人工智能等数字技术降低成本，促进普惠金融可持续发展。金融产品与服务主体需求不适配，陷入融资陷阱。农业生产周期性与资金贷款不匹配，导致金融主体资金收回压力、农业经营主体还款压力较大，这不利于金融主体内部资金健康循环、长周期的农业生产。贷款风险熔断机制不灵活，波及范围与时间过广。为确保信贷资金的安全，部分金融主体设置了风险熔断机制。风险熔断机制的设置在确保资金安全的同时，使得该区域的其余金融主体受到影响，无法获得贷款，获得贷款的稳定性较弱，进一步陷入贷款难的困境，不利于该区域金融有效持续发展，普惠金融需要其他更为适配的风险分担机制。

5.2.2 普惠金融需求方

需求方作为普惠金融的另一主要参与主体，其对普惠金融发展的影响并不亚于来自供给方的影响。由于中国农村和小微企业长期受到传统正规金融机构的排斥，一方面，使得这部分人对金融服务缺乏信心，认为其贷款申请会被金融机构拒绝，最终放弃向金融机构申请贷款，将自我排斥在金融服务之外（Kon，2003）。2015年河北省农村金融服务状况的调查显示，农户贷款发生率只有39.8%，从未申请过贷款的农户占比达37%，其中40～49岁年龄段农村劳动力没有贷款经历的占比达49%，这些农户没有取得贷款的很大一部分原因来源于其害怕申请被拒绝（王茜，2016）。此外，根据2017年西南财经大学中国家庭调查问卷（CHFS）显示，如图5-2所示，在2 357户由于各种原因不向金融机构申请贷款的家庭中，因估计贷款申请不会被批准而没有申请贷款的农户达到了444户，占到18.83%。另一方面，金融排斥也让这部分人缺乏一定的金融素养，抑制了向金融机构申请贷款的需求。普惠金融的发展水平与金融知识的普及水平存在着理论上和逻辑上的正向关系，普惠金融服务客体需要在了解普惠金融这一概念时，才愿意参与到其中（Ardic et al.，2011；Atkinson&Messy，2013；OECD，2013；星焱，2015）。Cole等（2011）对印度尼西亚调查发现，抑制金融发展的一个重要原因就是金融服务客体缺乏对金融知识的了解，不清楚甚至害怕金融服务，而当这部分群体充分认识金融之后，其对金融的需求得到了一定的改善。Atkinson&Messy

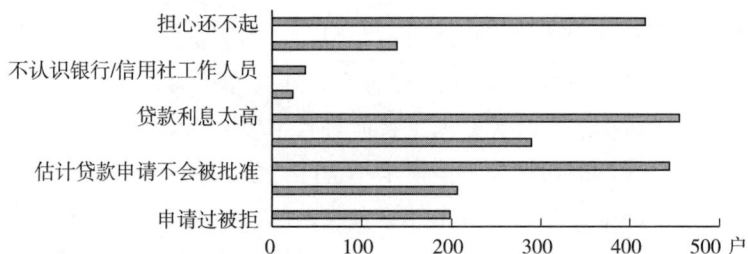

图5-2 农户没有获取贷款的原因

（2013）认为金融教育可以使消费者如何更好通过金融服务使其获得最大化利益，从而也就扩大了金融服务客体对金融服务的需求。依上文所述，广东各地区区域发展差异较大，各地区所能获得的金融资源也存在较大差异。根据2020年《广东统计年鉴》显示，珠三角地区的金融机构数量约为其他地区的10倍，见图 5-3。

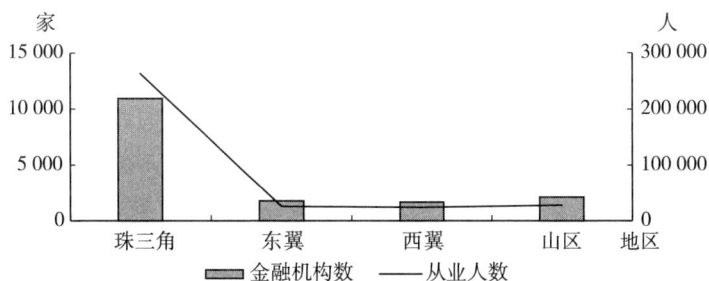

图 5-3　2019年广东地区各个金融机构数量与从业人数

由此使得各个地区群众原本能够参与的金融活动就存在着较大的差异，那么各个地区普惠金融服务的客体对获取金融服务的信心、自身的金融素质就会有较大的不同，特别是对于广东东翼、西翼和山区的群体而言，由于经济发展水平较珠三角而言相对落后，故比起珠三角地区更需要普惠金融的支持。但又由于该地区本身的金融资源更为缺乏，所能参与的金融活动较少，更有可能导致其对金融的信心不足和了解不充分，使得这部分地区的普惠金融政策不可持续，难以持续开展。故从需求方的层面出发，特别是对于那些相对较落后地区的服务客体而言，如何提高普惠金融服务客体的金融素质，培育普惠金融服务客体的信心是广东在今后发展普惠金融所需要关注的重要问题。

5.2.3　外部管理者

虽然政府不是普惠金融的直接参与主体，但其关乎普惠金融发展的全过程，对普惠金融的发展有着举足轻重的作用。依据上文所述，普惠金融是为社会所有人，特别是贫困和低收入者提供金融服务的金融体系（焦瑾璞，2010）。而这又与传统金融机构追求利益最大化、风险最小化的目标相违背。因此，仅仅依靠普惠金融供需双方是难以实现的，普惠金融的发展必然需要依靠政府的力量对其引导和推动。但星焱（2016）指出依靠外生的路径发展金融容易产生低效性，在一定程度上耗费了社会的资源。Kaboski 和 Townsend（2011;

2012）对泰国的万铢基金计划进行调查，发现项目营运的总成本比总收益高30%以上，并且在5个乡村基金网点中有2万个出现经营问题，存在过高的违约率和不良贷款率，而农户的收入并没有得到显著的改善（星焱，2016）。张忠宇（2016）指出中国普惠金融政策具体实行存在着怪象，由于难以平衡农村金融机构的营利性和社会责任关系，造成了中国不断新设金融机构，以此增加农村金融的供给；另外，由于金融机构与农户之间的信息不对称性，金融机构的风险加大从而又不愿继续服务农村。故中国农村金融改革必须不断发放新的牌照，让新的金融机构来解决问题。由此造成一定的社会资源浪费，农村金融发展的效率低下。本研究认为发展普惠金融的目的在于使以往被传统金融机构排斥的弱势群体得到发展，从而摆脱被忽视、被排斥的状况。因此，政府在具体制定普惠金融政策时，更应该营造与普惠金融相适应的环境，完善对普惠金融具体实施的监管，减少对普惠金融资源的直接供给（尹振涛，2016）。具体而言，如上文所述，广东地区各地区金融资源差异较大，特别是对于东西翼和山区地区。由于金融资源的缺乏，使得这部分地区的金融机构与普惠金融服务客体之间的信息更为缺乏，使得金融机构实施普惠金融政策更为困难。而这种配套金融基础措施的不完善，一方面容易损害金融机构的利益，高违约率、高不良贷款率使得金融机构难以持续经营，导致金融机构撤出这部分地区。另一方面，这种不完善的基础措施同样会损害普惠金融服务客体的利益，一些不规范甚至违法的金融机构打着普惠金融的旗号，以高利润劝诱这部分群体，容易滋生金融诈骗、暴力催收等问题。政府作为普惠金融政策的制定者、推动者和监督者，如何更好地发挥其在普惠金融上的作用，使得普惠金融的实际运行更具效率，是广东省今后发展普惠金融所需关注的重要问题。

普惠金融的发展是一个复杂的过程，其在每个方面、每个主体都会具有相应所需要关注的问题，而这些问题也应当由市场与政府共同处理、共同解决，也即普惠金融的供给方、需求方和外部监管者共同解决。同样地，普惠金融的健康发展也离不开这三方的共同努力。

6 广东普惠金融发展的思路 ////////////////

6.1 持续优化普惠金融供给体系

优化普惠金融供给，既是落实深化金融供给侧结构性改革的要求，也是落实第五次全国金融工作会议"建设普惠金融体系"任务的重要内容。习近平总书记在十九届中央政治局第十三次集体学习时强调，要深化金融供给侧结构性改革，强化金融服务功能，找准金融服务重点，以服务实体经济、服务人民生活为本。这既是落实深化金融供给侧结构性改革的要求，也是落实第五次全国金融工作会议、建设普惠金融体系的重要内容。为持续优化普惠金融供给体系，广东应重点关注以下几个方面：

发挥银行业金融机构主力军作用。深化普惠金融事业部专营机制改革，督促五大行和其他股份制银行设立普惠金融事业部或者其他专司普惠金融业务的部门或者中心。按照差异化的要求，各银行逐步建立统计核算、资源配置、风险管理、考核评价等各个方面的普惠金融专业化经营机制，城商行、民营银行积极发挥深入基层优势，服务社区、服务小微。农村中小机构积极落实支农支小定位。

发挥保险公司保障作用。大力发展各类农业保险、农村小额人身保险、涉农小额贷款保证保险服务"三农"领域。推动小微企业信用保证保险发展，撬动银行贷款服务小微企业。鼓励开展大病保险业务，尽可能多地覆盖城乡居民，并对贫困人口有所倾斜。

规范发展各类新型机构。规范发展小额贷款公司和典当行，努力提升对全省小微企业服务水平。鼓励省内金融租赁公司和融资租赁公司更好地满足小微企业和涉农企业设备投入与技术改造的融资需求。鼓励省内消费金融公司和汽车金融公司发展，激发消费潜力，促进消费升级。积极稳妥发展农民资金互助社，开展农民专业合作社信用合作试点，持续向社员提供融资服务。加快发展融资担保机构或融资担保基金，健全现有信贷融资担保体系，完善贷款风险负担与补偿机制。引导现有互联网金融组织依法合规经营，推动传统金融机构依法合规发起设立互联网金融平台，为大众创业、小微企业、城乡居民提供便利可得、价格合理的普惠金融服务。规范培育广东省私募市场，鼓励发展创业投资基金和私募股权投资基金，丰富中小微企业融资渠道。

鼓励发展金融中介组织。大力培育及引进审计、技术咨询服务、评级机构等中介服务组织。发挥中介服务机构对普惠金融发展的支持作用，以优质中介服务提升普惠金融便利性。构建金融中介服务机构聚集区，完善普惠金融产业链，为普惠金融体系提供技术服务支持。

激发民间资本活力，允许不同类型的企业法人和自然人参与投资新型微型金融机构，发展贴近市场和微观经济主体的小型金融机构，形成多元化、富有竞争的金融服务体系，发挥小型金融机构经营灵活、决策方便的特点，使小微金融服务能力最大化，为广大群众提供可获得的金融产品和服务。

6.2 明确功能定位，引导六类机构服务普惠

一是融资担保公司。融资担保公司可通过担保为资金需求方增进信用，为资金供给方分担风险，使双方实现有效对接，解决融资难问题。因此，广东应继续完善和改进融资担保行业的制度体系、机构体系、监管体系和政策扶持体系。截至 2019 年末，广东省（不含深圳）共有融资担保公司法人机构 151 家，同比增长 0.7%，分支机构 25 家；注册资本总额 305 亿元，同比减少 4.4%；净资产 317.1 亿元，同比减少 1.2%；从业人员 2 917 人，同比增长 4.6%；年末在保户数 388 万户；在保余额 1 514.4 亿元，同比增长 12.7%，其中，融资担保在保余额 551.1 亿元，同比增长 28.5%；再担保在保余额 407.6 亿元，同比增长 3.9%；非融资担保在保余额 555.7 亿元，同比增长 5.6%。行业融资担保放大倍数 1.7 倍。

二是小额贷款公司。小额贷款公司在拓展小微金融服务渠道和缓解小微企业和"三农"融资难、引导民间借贷健康发展，抑制地下金融和非法融资活动等方面发挥重要作用。目前广东省小额贷款公司行业呈现良性发展态势。一是行业结构有所优化，小额贷款公司总体机构数量持续下降，但资本实力稳步增强。到 2019 年末，广东共有小额贷款公司数量 454 家，实收资本接近 695.03 亿元，环比增长 0.4%。二是服务能力进一步提升，行业贷款集中度大幅下降，贷款更加小额、分散，行业利率有所下降，投向小微企业和"三农"领域。

三是典当行。典当行是从事以物质融资服务的特殊工商企业，既有类金融

属性，又有绝当品销售、鉴定、保管等商品流通服务属性。典当融资具有小额、短期、快捷、灵活的特点，办理业务手续简单，放款速度迅速，较好适应了小微企业、居民个人的短期应急融资需求，发挥了拾遗补阙的作用。

四是融资租赁公司。融资租赁业务是指出租人根据承租人对出卖人和租赁物的选择，向出卖人购买租赁物，提供给承租人使用，承租人支付租金的交易活动。从业务类型角度来说可以分为直接租赁、售后回租和转租赁等形式。截至 2017 年末，广东省内融资租赁企业数量共计 3 148 家，企业数量居全国第一。其中，金融租赁 6 家，内资租赁 18 家，外资租赁 3 124 家。金融租赁相比 2016 年增加了 2 家。外资租赁比 2016 年末增加了 781 家，增长率为 33%。广东省融资租赁企业数量在全国融资租赁企业数量中占比高达 34.63%。

五是商业保理公司。商业保理是以应收账款转让为前提，集贸易融资、商业资信调查、应收账款管理及信用风险担保于一体的新型综合性金融和商业流通服务。有利于在供应链中处于弱势地位的小微企业，将应收账款变现，实现资金流和货物流的匹配。本质上与基于真实交易合同、应收账款转让为前提的综合性金融服务属于供应链融资的金融行为。目前保理主要有直接保理、返保理和再保理等模式。截至 2018 年 7 月，注册在广东的商业保理公司有 8 565 家，其中注册在深圳的有 8 017 家，占全国商业保理公司的 68.5%。

六是地方资产管理公司，地方资产管理公司主要进行不良资产收购处置业务。广东各地资产管理公司应聚焦本源，专注主业，不断拓展主营业务模式（如不良资产收购处置业务），并有效遏制通道业务、分层嵌套和非标业务等高风险经营行为。

6.3 进一步创新普惠金融产品服务体系

6.3.1 努力进行理念创新，在经济利益和社会利益中找到平衡点

广东各普惠金融机构需要利用现有的技术和人才，创新普惠金融服务和产品，使其更好地满足客户的金融需求，提高金融的可获得性。同时，普惠金融机构利用好数字化的普惠金融，努力以最少的成本扩大普惠金融机构服务的宽度和增加销售的渠道，服务实体经济。

6.3.2 创新涉农贷款抵质押方式

鼓励各地在确权登记颁证的基础上，把农村土地承包经营权、林权、农村

集体建设用地使用权、农民住房财产权、海域使用权等纳入抵押品登记范围。探索以集体资产股份作为抵押担保物的贷款办法。积极推广农业机械设备抵押贷款、订单农业贷款、农副产品仓单质押贷款等。将涉农保险投保情况作为授信要素，探索拓宽涉农保险保单质押范围，把具有现金价值的寿险保单和出口信用保险保单纳入质押范围。

6.3.3　创新农村金融产品

鼓励金融机构开发支持农业科技研发、农产品国际贸易和农业"走出去"的金融产品。推行"一次核定、随用随贷、余额控制、周转使用、动态调整"的农户信贷模式，合理确定贷款额度、放款进度和回收期限。加快在农村地区推广应用微贷技术。依托农业龙头企业，推广应用产业链融资模式。创新和推广专营机构、信贷工厂等服务模式。引导互联网金融为"三农"发展提供多样化金融产品和服务。丰富绿色金融服务内涵，加强对节水农业、循环农业和生态友好型农业发展的金融服务。

6.3.4　摸清域内小微企业运行实际，降低金融机构服务小微企业的内外部成本

以政府购买服务的方式，聘请有专业资质的第三方数据公司，综合运用现场入户调查、网络调查等方式，通过大数据技术，加强对重点商圈、园区、行业产业、核心企业上下游小微市场的调查，及时、精准集成域内小微企业多维立体数据信息，并通过数据挖掘对处于不同行业和不同发展阶段的小微企业进行风险画像、评级，提供给相应的金融机构用于潜在小微企业客户的开发、个性化服务和风险控制方案设计，帮助客户经理贯通目标客户采购、生产、销售等各个环节，打破"数据孤岛"，形成场景融资服务的新模式，降低金融机构服务小微企业的内外部成本。

6.3.5　实行民营小微企业"名单制"管理，强化银行业金融机构对小微企业信贷投放和贷款成本监测

在省级层面，可以建立普惠金融大数据监测系统，按照穿透原则，强化对单户授信1 000万元及以下小微企业贷款户数、贷款余额、贷款成本的监测，对金融机构民营小微企业贷款户数和余额出现下降、贷款增速明显低于平均水平的机构要及时进行约谈和窗口指导，要求其深度自查分析上级主管部门核查

政策落实不力的原因，结合原因给予适当支持并强化监管考核，引导金融机构将信贷资源向民营小微企业等实体经济倾斜。统一央行和银保监部门不同的小微企业统计监测口径及纳入贷款余额统计的金融产品范围，便于社会公众公开、透明分析和监督金融机构普惠金融发展状况，也为政府运用财政资金支持金融机构普惠金融发展提供更可靠的数据依据和监控手段。在各市层面，运用大数据信息，可以建立由市级政府认可的诚信民营小微企业"名单制"，通过提供政策性融资担保、贷款风险损失补偿、财政贴息等方式，鼓励银行机构提供贷款。

6.3.6 督促金融机构下沉服务重心，升级服务模式，服务"真小微"

督导银行机构向分支行基层部门下放授信权限，切实配套建立基层客户经理在普惠金融领域，尤其是金融创新领域的尽职免责制度、绩效考核办法和业务损失补偿机制，提高小微企业贷款不良容忍率，提升基层客户经理服务小微企业的积极性。改变过去单一授信、单一客户、单一产品的传统服务模式，向提供包括管理咨询、财务顾问、投贷联动等涵盖表内表外业务的一揽子金融服务转变，向综合化、场景式金融服务管理模式转变，持续提升小微企业金融服务的便捷性、专业化。

6.4 强化普惠金融环境

6.4.1 加强金融监督执法，净化普惠金融服务环境

针对不良中介机构活跃，恶意阻挠小微企业正常融资、收取中间费用、侵蚀普惠金融红利、扰乱金融秩序的行为要予以坚决打击。一要优化"证照分离"改革，确保提升地方金融监管部门的金融执法权，加大对地方金融监管部门执法的人力、物力支持。二要加大地方金融监管部门、国家金融管理部门（人行、银保监、证监）地方派出机构、工商、公安等部门的联合执法，定期开展专项治理行动，加大对不良中介违法违规行为的打击力度。三要加大打击非法黑中介活动的政策宣传，设立举报热线和窗口，提升社会监督力度。四要加大对恶意"逃废贷"行为的执法力度，提升社会诚信度。通过加强金融监督执法，不仅可以净化金融服务环境，优化金融生态，稳定金融秩序，而且直接有助于降低小微企业融资成本。

6.4.2 及时打击非法行为

及时打击非法放贷行为，对于部分打着普惠金融旗号乱办金融，甚至从事非法集资的机构，要及时运用监管利剑纠正扰乱市场秩序行为，重拳整治金融乱象；继续加大对"非法放贷"、"非法集资"和"非法经营行为"惩处力度，强化对资金贷前、贷中、贷后管理中违法行为监测，营造公平的普惠金融信贷环境；认真总结打击非法放贷先进经验，积极加强制度建设，完善打击非法放贷行为长效机制，提高打击非法放贷行为效率，同时也要注意关注非法放贷行为或形式的演变，及时发现苗头，给予精准打击。

6.4.3 改善农村金融支付服务环境

鼓励银行机构、支付机构在农村地区延伸服务网络，拓展支付业务。统筹考虑、充分发挥人民银行跨行支付系统、农信银资金清算系统、银联跨行支付系统等在涉农金融机构间的桥梁作用，促进资源共享。要畅通农信社、村镇银行等区域性涉农金融机构加入相关跨行支付清算系统的渠道，发挥农村信用社、村镇银行点多面广的优势，缩短资金在途时间，提高资金汇划效率，为乡镇企业、个体工商户和民营企业提供优质的支付结算服务。

缩小城乡居民在非现金支付工具使用方面的差距，实现现代支付系统在绝大多数乡镇的覆盖，实现公共支付、涉农补贴、社保资金发放等的快捷便利操作。根据农村客户的金融需求，研发推广农民能用、好用、爱用又用得起的特色产品，特别要从尊重农村地区长期以来形成的现金支付习惯出发，选择操作简便且兼具现金及非现金支付功能的支付工具和终端，采取各种有效措施，促进其应用和普及。在农村地区推广 POS 机、网上银行、电话银行、移动支付等新型支付业务，降低"三农"商户银行卡收单成本。支持农村粮食、蔬菜、农产品、农业生产资料等各类专业市场使用银行卡、电子汇划等方式进行支付结算。以农副产品收购、农资销售、农村医疗保险等领域作为推广突破口，推动金融 IC 卡在"三农"领域的应用。

6.5 健全普惠金融风险防范和监管体系

6.5.1 加快建立多层级的小微企业和农民信用档案平台

扩充金融信用信息基础数据库接入机构，拓广信用报告覆盖范围，提升征信服务水平。加快建立多层级的小微企业和农民信用档案平台，实现企业个人、农户家庭等多维度信用数据可应用，扩充金融信用信息基础数据库接入机构，降低普惠金融服务对象征信成本。鼓励、推动从事小微企业和农村征信业务的社会征信机构，构建多元化信用信息采集渠道。依法采集户籍所在地、违法犯罪记录、工商登记、税务登记、出入境、扶贫人口、农业土地、居住状况等政务信息，采集对象覆盖全省农民、城镇低收入人群及小微企业，并通过全省信用信息共享交换平台实现政务信息与金融信息的交换共享，构建便利的信息化服务体系。积极培育从事小微企业和农民征信业务的征信机构，构建多元化信用信息收集渠道。

6.5.2　完善涉农贷款风险分担与补偿机制

充分发挥政府出资的融资担保基金或融资性担保公司的作用，完善涉农贷款风险负担与补偿机制。支持融资性担保机构为农业生产经营主体提供融资担保服务，鼓励农业龙头企业为合作农户、家庭农场、农民合作社提供贷款担保。在进行贷款风险定价时，涉农金融机构应根据各客户主体的行业风险、经营规模、管理成本、保证方式和同业竞争度，全面推行与农贷风险相对称的分层、分类、分客户差异化定价，构建与"三农"金融风险相对称的贷款定价机制，发挥贷款定价的价值创造、风险抵御、结构调整功能。

建立必要的风险分担与政策补偿机制。①实行税收优惠待遇。用税率杠杆鼓励对农业的信贷投入。②进一步实行优惠存款准备金率。为支持农村信用社将贷款投向涉农项目，可考虑实行区域行存款准备金率。③建立贷款风险补偿机制。一是运用财政杠杆，对农业信贷投入进行补偿。二是建立企业互保制度，对具备一定规模和资质的企业自愿组成协作圈，在贷款额度超过一定数量的时候，缴纳一定的互保资金，在贷款出现风险时，在划定的协作圈内进行一定的风险金赔偿。④创新风险分担机制。建立以信用社、担保公司、律师事务所和资产评估公司"四位一体"的风险分担模式。其分工是信用社负责贷款，担保公司负责为这个贷款项目提供担保，资产评估公司负责评估企业无形资产的价值评估，律师事务所则要审核无形资产的真实性和合法性。通过各个环的紧密结合，每个环节承担各自的风险，从而将信用社信贷风险降到了最低。

6.5.3　健全银行业保险业普惠金融服务监测评估

加快建立推进普惠金融发展监测评估体系，实行差别化信贷政策和信贷考核机制，适度放宽涉农、小微企业、扶贫等普惠贷款风险考核的容忍度，促进金融机构加大对普惠金融发展的信贷支持。鼓励商业银行单独设立小微企业贷款风险和利润考核体系或小微企业贷款专营机构。对普惠金融的监测评估从定性阶段向定量阶段推进，推进辖区普惠金融评估工作的系统化、制度化，全面衡量银行保险机构普惠金融发展水平及不同机构间的差距，引导发现共性问题、突出矛盾和薄弱环节，并针对性地改进金融服务。实施动态监测与跟踪分析，开展规划中期评估和专项监测，注重金融风险的监测与评估，及时发现问题并提出改进措施。引导和规范互联网金融有序发展，有效防范和处置互联网金融风险。要切实落实监督管理部门对非法集资的防范、监测和预警等职责。加强督查，强化考核，把推进普惠金融发展工作作为目标责任考核和政绩考核的重要内容。建立跨部门工作组，开展普惠金融专项调查和统计，全面掌握普惠金融服务基础数据和信息。从区域和机构两个维度，对普惠金融发展情况进行评价，督促各地区、各金融机构根据评价情况改进服务工作。

6.5.4 试点推行"监管沙箱"

监管沙盒是平衡创新与风险、促进金融普惠的一种手段。它是由监管机构设立的一个框架，使金融科技初创公司和其他创新企业可以在监管机构的监督下在受控环境中进行实时实验，旨在纾解小微企业融资难融资贵问题。监管机构可以对偏重金融普惠的创新机构实行优惠政策，简化技术采纳程序，减免执照费用，或是引入衡量创新对金融普惠影响的绩效指标。通过支持这种类型的创新机构，监管机构可以用沙盒来衡量创新对金融普惠的潜在影响，有针对性地调整政策干预措施，以增加收益、降低风险。

同时，监管机构还可以在符合条件的普惠金融领域试行有关贷款实行免征增值税、印花税，减征企业所得税，重点拓展人工智能、3D传感器、人脸（指纹）识别技术、人工智能、场景化发展、机器学习、自然语言处理、交易风控、市场检查、舆情分析等场景应用，融合创新，培养一批普惠金融试点示范城市和项目，不断降低迭代和试错成本，逐步建立普惠金融监管认可的行业标准。

6.6 完善普惠金融相关的地方性法规体系

广东应继续修改和完善普惠金融相关地方性法规，形成系统性的法律框架，明确普惠金融服务供给、需求主体的权利义务，确保普惠金融服务落到实处。

6.6.1 加快建立发展多层次、多类型的普惠金融制度

建立集机构、技术、监管、服务和政策"五位一体"的多层次、多类型普惠金融制度体系。在基于现有"三农"金融政策基础上，结合广东实际，研究论证相关地方性法规，以满足"三农"、城市低收入人群以及广大小微企业的金融服务诉求。对土地经营权、宅基地使用权、技术专利权、设备财产使用权和场地使用权等财产权益，积极开展确权、登记、颁证、流转等方面的规章制度建设。研究完善推进普惠金融工作相关制度，明确对各类新型机构的管理责任。在普惠金融发展的顶层设计实施上应明确具体实施措施，明晰职责要求，严格监督机制，尽快制定符合广东省金融现实的普惠金融发展的具体措施并加以实施。

6.6.2 确立各类普惠金融服务主体法律规范

坚持法治原则，研究探索规范农民、中小微企业、银行、保险公司等普惠金融各类主体行为有关的规章制度。推动制定非存款类放贷组织条例、典当业管理条例等法规。配套出台小额贷款公司管理办法、网络借贷管理办法等规定。通过法律法规明确从事扶贫小额信贷业务的组织或机构的定位。加快出台融资担保公司管理条例。推动修订证券法，夯实股权众筹的法律基础等。

6.6.3 健全普惠金融消费者权益保护法律体系

修订完善现有的地方性法规和部门规章制度，建立健全普惠金融消费者权益保护制度体系，明确金融机构在客户权益保护方面的义务与责任。制定针对农民和城镇低收入人群的金融服务最低标准，制定贫困、低收入人口金融服务费用减免办法，保障并改善特殊消费者群体金融服务权益。完善普惠金融消费者权益保护监管工作体系，进一步明确监管部门相关执法权限与责任标准。

6.7 加强普惠金融教育与金融消费者权益保护

6.7.1 加强金融知识普及教育

不断深化金融知识的普及教育，持续提升金融消费者的综合金融素养，金

融消费者、金融机构、金融监督管理机构和政府部门要密切协作、共同努力。针对城镇低收入人群、困难人群，以及农村贫困人口、创业农民、创业大中专学生、残疾劳动者等初始创业者开展专项教育活动，广泛利用移动网络、电视广播、书刊杂志、数字媒体、微信等渠道，多层面、广角度长期有效普及金融基础知识，提升民众对普惠金融、非法放贷等金融行为的认识。就金融机构而言，利用线上网点多和线上技术强的优势，定期在营业场所、官网、媒体上发布钓鱼网站、伪基站、病毒、金融欺诈案件等风险信息，主动和配合政府部门持续开展有针对性的金融安全知识宣传，提供金融产品或服务时严格履行说明告知、风险提醒和信息安全义务。对于金融监督管理部门，应针对低净值人群构建有效的金融安全知识宣传教育机制，不断拓展延伸宣传渠道和丰富宣传内容，切实增强金融消费者尤其是低净值人群的风险防范能力。从政府部门角度，注重培养社会公众的信用意识和契约精神，建立金融知识教育发展长效机制，研究制订国民金融知识教育的具体方案，推动部分大中小学积极开展金融知识普及教育，鼓励有条件的高校开设金融基础知识相关公共课。

将提高民众金融风险意识纳入各级政府职能部门重要政绩考核内容，做到一级抓一级、层层抓落实。以金融创新业务为重点，针对金融案件高发领域，运用各种新闻信息媒介开展金融风险宣传教育，促进公众强化金融风险防范意识，树立"收益自享、风险自担"观念。重点加强与金融消费者权益有关的信息披露和风险提示，引导金融消费者根据自身风险承受能力和金融产品风险特征理性投资与消费。

6.7.2 加大金融消费者权益保护力度

人民银行广东省分行、银监会、证监会、保监会（以下统称金融管理部门）要按照职责分工，密切配合，切实做好金融消费者权益保护工作。金融管理部门和各地市人民政府要加强合作，探索建立广东省和各级地市人民政府金融消费者权益保护协调机制。银行业机构、证券业机构、保险业机构以及其他从事金融或与金融相关业务的机构（以下统称金融机构）应当遵循平等自愿、诚实守信等原则，充分尊重并自觉保障金融消费者的财产安全权、知情权、自主选择权、公平交易权、依法求偿权、受教育权、受尊重权、信息安全权等基本权利，依法、合规开展经营活动。金融领域相关社会组织应当发挥自身优势，积极参与金融消费者权益保护工作，协助金融消费者依法维权，推动金融知识普及，在金融消费者权益保护中发挥重要作用。

加强金融消费者权益保护监督检查，及时查处侵害金融消费者合法权益行为，维护金融市场有序运行。金融机构要担负起受理、处理金融消费纠纷的主要责任，不断完善工作机制，改进服务质量。畅通金融机构、行业协会、监管部门、仲裁、诉讼等金融消费争议解决渠道，试点建立非诉第三方纠纷解决机制，逐步建立具有广东特色的多元化金融消费纠纷解决机制。

强化金融消费权益保护部门在投诉处理、案件通报、考核评估、宣传组织等方面协作能力，建立跨领域的金融消费争议处理和监管执法合作机制。加强金融消费者权益保护监督检查，防范垄断行为和不正当竞争行为的发生，及时查处侵害金融消费者合法权益行为，维护金融市场有序运行。畅通金融机构、行业协会、监管部门、仲裁、诉讼等金融消费争议解决渠道。依托农村金融机构网点、惠农金融服务点等载体，开展农村金融消费权益保护工作。继续研究探索边境金融消费权益保护机制。

6.8 加快推进金融基础设施建设

完善的现代化金融市场离不开健全的金融基础设施体系建设，金融基础设施体系的建设与完善既能降低普惠金融供给者的运营成本、提高服务水平，增强风险控制能力，又能增加普惠金融需求者金融产品与服务的可得性和服务质量，使金融服务更多地向贫困和低收入客户延伸。

提升城乡支付服务一体化水平。加强支付系统等基础设施在城乡地区的建设，推动支付系统向乡村延伸，畅通农村地区支付清算渠道，实现城乡地区公共支付、涉农补贴、社保资金发放等的快捷、便利操作。规范支付市场管理，积极推进涉农电商发展，提高互联网金融在小微支付方面快捷、便民的服务水平。

鼓励金融机构与其他企业，如互联网企业、第三方支付机构、移动终端服务商、电信运营商等在更高的水平与层次上开展业务模式创新，加大产品、渠道、服务等方面的合作力度，建立健全现代化支付清算体系。发挥惠农支付服务点"惠农、便民"的功能优势，丰富农村支付服务，实现线上线下业务的融合。

同时，要建立健全普惠金融指标体系。在整合、甄选目前有关部门涉及普惠金融管理数据基础上，设计形成包括普惠金融可得情况、使用情况、服务质量的统计指标体系，用于统计、分析和反映各地区、各机构普惠金融发展状况。建立跨部门工作组，开展普惠金融专项调查和统计，全面掌握普惠金融服务基础数据和信息。建立评估考核体系，形成动态评估机制。从区域和机构两个维度，对普惠金融发展情况进行评价，督促各地区、各金融机构根据评价情况改进服务工作。

附录

广东省普惠金融主要专项行动成果

1. 广东省金融办召开 2017 年广东省普惠金融工作会议

3 月 31 日，省金融办在广州召开 2017 年广东省普惠金融工作会议，深入贯彻落实国务院《推进普惠金融发展规划（2016—2020 年）》和中共中央、国务院 2017 年中央 1 号文件《关于深入推进农业供给侧结构性改革加快培育农业农村发展新动能的若干意见》文件精神，积极推进精准脱贫攻坚，促进粤东西北地区振兴发展的重大战略部署。会议由省金融办副主任倪全宏主持，省推进普惠金融工作专责小组成员单位负责同志、各地级市金融局（办）主要负责人、人民银行广东省各地市中心支行负责人、2017 年农村普惠金融"村村通"40 个试点县（市、区）分管金融工作的副县（市、区）长以及农业银行广东省分行、邮政储蓄银行广东省分行、人保财险广东省分公司、省融资再担保公司、省农业信贷担保公司负责同志共约 120 人参加了会议。

省金融办党组书记、主任肖学讲话指出，普惠金融追求的是一种和谐的金融发展理念，新形势下要把思想和行动统一到国家和省的决策部署上来，要在金融基础设施建设、完善管理机制、创新产品和服务模式三个方面加大工作力度；要坚持以问题为导向，落实主体责任、明确任务分工、加强跟踪督办；要做好宣传教育和风险防范，创造良好的普惠金融发展环境。全省各地、各有关部门、各金融机构要切实把普惠金融工作抓实抓好，为提升广东省普惠金融服务水平，降低全社会的交易成本、消除贫困、改善区域发展不平衡，实现科学协调发展，做出新的贡献。

会上，倪全宏副主任对 2016 年广东省农村普惠金融"村村通"工作进行了报告，省委农办、人民银行广州分行、广东银监局、肇庆市、韶关市、恩平市、省农信联社、人保财险广东分公司等重点部门、代表地市和金融机构进行工作总结和经验介绍。

2. 广东省人民政府金融工作办组织辖内 P2P 网贷机构做好合规自查

2018 年，广东省金融办发布《关于进一步组织辖内 P2P 网贷机构做好合规自查的通知》。通知要求各地级以上市互联网金融风险专项整治工作领导小组办公室，按照国家 P2P 网络借贷风险专项整治工作领导小组办公室关于开展 P2P 网络借贷机构（以下简称"网贷机构"）合规检查的要求部署，结合广东省（不含深圳，下同）实际，在与前期相关工作衔接的基础上，现就进一步做好广东省网贷机构合规自查工作。自查要求包括：①压实网贷机构主体责任。压实网贷机构防范化解风险的主体责任，主要股东、实际控制人（若有）、法定代表人、董事、监事、高管人员、各部门负责人等积极参与。网贷机构提交的自查报告须加盖机构公章和主要股东、实际控制人（若有）、法定代表人、董事、监事、高管人员签章，同时出具真实性承诺书（格式见附件 3，此处略）。如发现存在内容不真实、故意瞒报、漏报、弄虚作假等情况，要对相关网贷机构实行"一票否决制"。②同步提交无风险退出方案。网贷机构提交自查报告的同时，需提交若整改不合格的无风险退出方案。无风险退出方案加盖机构公章和主要股东、实际控制人（若有）、法定代表人、董事、监事、高管人员签章。

3. 中国人民银行广州分行"访百万企业　助实体经济"专项行动

2019 年以来，中国人民银行广州分行同有关部门组织广东（不含深圳）银行机构，开展"访百万企业　助实体经济"专项行动，深化民营和小微企业金融服务，推进解决融资难题。专项行动针对未获银行授信的企业开展，挖掘和满足企业首贷需求，有力推动了广东民营和小微企业信贷增量扩面。

中国人民银行广州分行为推动该专项行动，制定了如下的工作举措：第一，部门联动，夯实工作基础。一是联合广东银保监局制定专项行动方案，明确行动目标、工作内容、实施步骤、组织保障等事项，会同相关部门成立省市两级专项行动领导小组，统筹协调组织专项行动开展。二是主动联系税务、市场监管、工信、科技、农业、环保等部门和相关行业协会，将其掌握的特征企业名单导入走访系统，作为企业特征信息供走访银行参考；第二，科技赋能，实现"无缝对接"。专项行动依托广东省中小微企业信用信息和融资对接平台（简称"粤信融"）开发"广东省企业走访管理系统"，将全省工商企业名单和银行存量贷款企业客户名单对碰，形成约 250 万家未获银行授信的"待访企业列表"供银行走访对接。银行通过走访系统可查询企业信息，锁定走访企业，安排配套金融产品，在系统中记录走访和信贷发放情况。人民银行运用数据分析技术对各银行走访工作进行综合评价。第三，督导激励，提升行动质效。一是强化督导通报和抽查回访。定期通报走访工作进程，建立专项行动工作简报制度，及时总结梳理好的经验做法和鲜活案例。组织各地市中支加强企业回访，促进提高走访质量。二是加强政策工具支持。广州分行对走访工作开展好、服务民营和小微企业家数多、信贷支持力度大的银行给予货币政策工具运用支持。三是引导金融机构加强内部考核激励。综合采取安排专项资源和明确绩效标准等措施，激发基层信贷人员的积极性。第四，广泛宣传，营造良好氛围。一是加大媒体宣传力度。各地综合运用电视台、报刊、政府信息门户网站、政府部门微信公众号、中小企业服务平台等多种渠道加大专项行动宣传力度，提高企业接受银行走访的配合度。二是发挥银行自身宣传渠道优势。指导辖内银行机构综合运用宣传视频、宣传海报、宣传小册子、宣传二维码、举办现场对接活动等多种方式加强宣传，进一步扩大专项行动的影响和效果。

截至 2019 年 9 月末，广东银行机构累计走访企业 147.57 万家，发现有融资需求企业 11.68 万家，已发放贷款 2.12 万户、708.89 亿元，贷款加权平均利率 5.89％。在专项行动的有力助推下，广东民营和小微企业信贷增势强劲。截至 9 月末，广东民营企业贷款余额 4.38 万亿元，同比增长 14.7％，比上年同期高 3.7 个百分点，占企业贷款的 54.4％，占比较上年同期高 1.2 个百分点。普惠小微贷款余额 1.46 万亿元，比年初增加 3 394 亿元，增幅 30.3％。同时，专项行动进一步优化了银企融资服务对接机制：一方面，通过银行信贷人员主动走访企业，宣传金融知识、金融政策和金融产品，让民营和小微企业感受到充足、专业、及时、亲切的正规金融服务，改善了企业对金融服务的认知，为深化银企对接打下基础。另一方面，通过走访不同行业、领域、成长阶段的民营和小微企业，深入了解企业经营特点和融资需求，银行既拓展了新的客户，也探索了金融服务切入点和金融产品创新点。例如，专项行动启动后，银行针对小微企业抵押物不足等融资"痛点"，积极营销银税互动、全流程线上办理等类型的贷款新产品，有力支持了经营规范、现金流稳定的小微企业融资，专项行动中获得信用贷款的小微企业占到全部获贷小微企业的 45％。

4. 新冠疫情期间加强中小企业金融服务支持疫情防控促进经济平稳发展

2020 年，为全力配合做好新冠肺炎疫情防控工作，坚决打赢疫情防控阻击战，促进广东经济平稳发展，经广东省人民政府同意，广东省地方金融监管局、省工业和信息化厅、人民银行广州分行、广东银保监局、广东证监局就加强中小企业金融服务有关工作制定了《加强中小企业金融服务支持疫情防控促进经济平稳发展的意见》。主要内容包括：第一，精准把握疫情防控金融服务的重点对象。包括：①加快扶持疫情防控相关企业。②持续帮助受疫情影响的中小企业等群体。第二，积极履行地方金融企业服务功能和社会责任。包括：①降低小额贷款和小额再贷款利率。②适度放宽优秀小额贷款公司融资杠杆。③免收再担保费。④降低政府性担保收费。⑤减免融资租赁租金利息。⑥减免区域性股权市场服务费用。⑦发挥商业保理公司作用。⑧下调典当行续当费率。第三，着力落实疫情防控金融支持措施。包括：①开辟省中小企业融资平台专属服务通道。②优化疫情防控信贷服务。③发挥保险保障功能。鼓励保险公司为疫情防控一线的疾控、医护、科研、媒体工作人员及其家属免费赠送疫情保险保障。发挥保险公司专业优势，为受疫情影响人员提供健康心理咨询热线等服务。对感染新型肺炎或受疫情影响受损的出险理赔客户，保险公司要优先处理，适当扩展责任范围，应赔尽赔。大力推进"闪赔"、"秒赔"，及时快速理赔。④建立上市快捷服务通道。⑤优化疫情防控相关外汇服务。第四，加强资金和政策保障。包括：①加大财政支持力度。②用好纾困基金。③适当调整考核标准。

5. 财政部广东监管局："三个方面"做实做细普惠金融发展专项资金审核工作

普惠金融发展专项资金在推动大众创业、万众创新、服务乡村振兴等方面发挥着重要作用，在新冠肺炎疫情期间更是助力支持复工复产、帮助小微企业渡过难关的重要政策。财政部广东监管局积极发挥监管职能，从三个方面做实做细普惠金融发展专项资金审核工作，助力提高地方普惠金融工作水平。

第一，加强组织学习，掌握政策新要点。2019年财政部新制定了《普惠金融发展专项资金管理办法》，广东监管局组织相关业务人员认真学习政策，吃透文件精神，把握审核新要求，对政策存疑部分积极与财政部相关司局沟通请教，为审核工作筑牢基础。同时通过总结以前年度的工作经验，厘清审核要点，明确职责分工，积极有序开展审核工作。

第二，强化沟通协调，审核与服务并举。一是积极与广东省财政厅进行沟通协调，掌握各地市申报情况，并及时反馈审核中遇到的问题，提升审核效率。二是直接与各地市财政、银行等部门进行沟通联系，了解申报数据的报送口径，在沟通中反馈审核情况，防止出现错补、漏补现象。同时主动服务，做好政策的上传下达，对于各申报单位提出的业务问题及时讲解答疑，确保地方顺利落实政策，助力地方金融服务发展。

第三，坚持严格把关，确保审核高质高效。一是关注申报材料完整性。对照资金管理办法要求，仔细检查各申报单位提供的佐证材料，对于申报材料不齐全的，及时反馈要求补充报送，确保审核工作按时按质完成。二是重点核实佐证材料真实性。严格按照文件要求，对申报农村金融机构定向费用补贴以及申请创业担保贷款贴息资金提供的佐证材料进行全面核实，核实各申报金额钩稽关系是否正确以及数据报送口径是否一致，如小微企业与涉农贷款的合计中是否存在重复计算现象，小微企业统计口径是否按照文件规定等，确保审核结果的真实性与准确性。

6. 广州市科学技术局联合中国银行广东省分行开展科创企业"中银惠过年"专项融资服务行动，为在穗就地过年的小微科创企业提供专属融资服务

"中银惠过年"专项融资服务行动是根据中国银行"惠过年"普惠金融服务方案制定，广州市科技局与广东中行组织落实，行动实施期间自2021年1月29日始，至2021年3月12日止。

支持对象为春节期间投入"就地过年"服务及保障留穗过年员工权益的国家级高新技术企业、科技型中小企业及纳入政银风险分担资金池的小微科创企业。重点支持领域包括：开展生活物资保障和能源保供类科创企业、满足"就地过年"群众购物、休闲、娱乐等需求的科创企业、从事新冠疫情防控技术、产品、药物研发、生产、供应的科创企业、通过"以薪留工"、"留岗红包"和"过年礼包"等方式，积极为"就地过年"员工提供各项福利保障的科创企业。

业务方案包括：第一，线上融资，零接触批贷。"中银企E贷·信用贷"：面向小微企业，纯信用方式，最高额度100万元，期限1年。"中银企E贷·银税贷"：面向优质纳税小微企业，纯信用方式，最高额度300万元，期限1年。"中银企E贷·抵押贷"：面向小微企业，以房产作为担保的产品，最高额度1000万元，期限以1年期为主。第二，多元产品，个性化定制。发挥"中银信贷工厂"优势，根据科创企业经营特点和多样化融资需求，丰富产品组合与授信方案设计，提供短期流动资金贷款、工资支付保函、贸易融资、票据承兑、贴现等全方位授信产品。

广东省主要普惠金融政策汇编

1. 小额信贷

2009 年，广东省根据国务院工作部署和中国银监会、中国人民银行《关于小额贷款公司试点的指导意见》，开展了小额贷款公司试点工作。

2011 年，为进一步促进小额贷款公司平稳较快发展，广东省人民政府颁布《关于促进小额贷款公司平稳较快发展的意见》。提出要进一步优化小额贷款公司发展环境、建立财政定向费用补贴和风险补偿机制、建立持续稳定的融资渠道、支持小额贷款公司创新发展、继续推进广覆盖试点、加强对小额贷款公司平稳较快发展的技术支撑、大力实施人才发展战略、加强监管和行业自律等八项举措，以期充分发挥小额贷款公司普惠金融服务功能。

2013 年，为贯彻落实广东省人民政府办公厅《关于促进小额贷款公司平稳较快发展的意见》（粤府办〔2011〕59 号），促进小额信贷发展，广东省省财政设立小额贷款公司风险补偿专项资金（以下简称风险补偿专项资金）。组织符合条件的小额贷款公司、银行机构和融资担保公司均可对照《广东省小额贷款公司风险补偿专项资金使用管理办法（试行）》的程序和要求进行补偿资金申报。

2014 年，为支持小额贷款公司利用未分配利润发放贷款，增加可用资金，提高经营效益，更好地服务"三农"及小微企业，广东省人民政府制定了《关于小额贷款公司利用未分配利润发放贷款的试行办法》。允许符合条件的小额贷款公司可申请利用未分配利润发放贷款。

2016 年，为进一步拓宽广东省小额贷款公司融资渠道，促进小额贷款公司创新发展，规范小额贷款公司上市（挂牌）及发行债务类融资工具行为，切实保护投资人利益，广东省人民政府制定了《广东省小额贷款公司利用资本市场融资管理工作指引（试行）》，提出了小额信贷公司申请上市的条件。

2. 普惠金融改革

2011 年，为加快金融产业发展，推进金融强省建设，发挥金融支持"加快转型升级、建设幸福广东"的作用，广东省制定了《广东省金融改革发展"十二五"规划》，其中关于发展普惠金融的主要任务有：第一，全面推进金融改革创新综合试验区建设。主要包括：全面推进珠江三角洲地区城市金融改革创新综合试验区建设、全面推进农村金融改革创新综合试验区建设、全面推进统筹城乡协调发展的金融改革创新综合试验区建设、全面推进城乡金融服务一体化综合改革试验区建设。第二，全面推进统筹区域金融协调发展。主要包括：进一步提升广州和深圳区域金融中心辐射带动能力、加快推进珠江三角洲地区金融一体化发展、大力提升粤东西北地区金融服务水平。第三，有效解决中小企业和"三农"融资难问题。

2013 年，为充分发挥金融支持广州新型城市化发展的重要作用，广州市人民政府制定了《全面建设广州区域金融中心的决定》。其中明确要求建设金融市场交易平台，提升辐射带动力。并指出完善农村金融服务体系。推进农村信用体系建设，夯实金融机构开展农村金融服务的基础。以及加强中小微企业和个人金融服务。建立小微企业信贷风险补偿基金，加快推进中小企业信用体系建设，支持商业银行设立中小企业信贷专营机构，推动股权、仓单、保单、应收账款、知识产权、林权等质押贷款业务，大力发展信用贷款、保证贷款等无抵押贷款模式。

2014 年，进一步深化广东省金融改革，完善金融市场体系，促进金融创新发展，全面推进金融强省建设，广东省人民政府制定了《关于深化金融改革完善金融市场体系的意见》。其中关于普惠金融改革的主要任务有：第一，改善小微企业金融服务，解决小微企业融资难等问题。主要包括：①进一步优化小微企业贷款审核流程，减少涉贷收费项目，最大限度降低小微企业融资成本，提高融资便利性。②拓宽小微企业直接融资渠道。支持符合条件的国有企业和地方政府投融资平台试点发行"小微企业增信集合债券"，并在有效监管下通过商业银行转贷管理。鼓励各地级以上市出台以风险缓释基金、债券贴息等形式为主的财政配套政策，加强小微企业债务融资工具发行咨询、增信等综合服务。③完善小微企业融资风险分担机制。④建立小微企业征信体系。⑤打造小微企业互联网金融服务平台。第二，深化农村金融改革，提高金融服务"三农"水平。主要包括：①深化农村金融体制改革。②完善农村基础金融服务体系。③利用金融工具分散农业风险。④加强农村信用体系建设。第三，加大对粤东西北地区振兴发展的金融支持力度，促进区域协调发展。主要包括：①拓宽粤东西北地区城市和基础设施建设融资渠道。②促进珠三角地区金融资源向粤东西北地区流动。

2015 年，广东省人民政府针对农村金融改革，制定了《关于深化农村金融改革建设普惠金融体系的意见》，其中明确指出要建设普惠金融体系。主要任务包括：第一，推进农村金融产品和服务创新。主要包括：①创新涉农贷款抵质押方式。鼓励各地在确权登记颁证的基础上，把农村土地承包经营权、林权、农村集体建设用地使用权、农民住房财产权、海域使用权等纳入抵押品登记范围。②创新农村金融产品。③完善涉农贷款风险分担与补偿机制。④加大金融扶贫力度。第二，进一步加大涉农融资支持力度。主要包括：①发展农村和农户小额信用贷款。②优先办理涉农再贴现业务。③创新支农融资模式。④鼓励涉农企业利用资本市场融资。⑤探索开展多元化直接融资方式。第三，拓宽农业保险覆盖面。主要包括：①创新发展政策性涉农保险业务。②推广"政银保"合作模式。加大财政扶持力度，推广"政银保"合作模式，支持金融机构为农户和涉农企业提供贷款，保险公司为贷款提供保证保险。③建立涉农保险巨灾风险事故损失救助机制。第四，建立健全农村信用体系。主要包括：①完善农村信用信息征集体系。②推进农村地区信用建设。③发展农村第三方信用评价服务。④培育贷款主体信用观念。⑤实施差别化信贷政策。第五，优化农村金融基础。主要包括：①优化县域金融服务网点布局。②进一步深化农村信用社改革。③加快发展农村小微金融机构（组织）。④规范发展新型农村合作金融。⑤完善农村金融基础、服务。大力开展金融基础服务"村村通"工程，在农村地区广泛设立乡村金融（保险）服务站和助农取款点，加快实现基础金融服务全覆盖。改善农村金融支付环境；优化农村地区人民币用钞环境；加强农村金融消费者权益保护工作。第六，加强粤东西北地区振兴发展的金融服务。主要包括：①开展农村普惠金融试点。②建立金融支持工作机制。统筹推动省有关部门、金融监管部门以及涉农金融机构与粤东西北地区地级市签订合作协议，开展"一对一"合作，建立金融支持当地经济发展的工作机制。③优先支持发展农村金融主体。④引导资金加大投入。⑤引导珠三角地区资金流向粤东西北地区。⑥加强粤东西北地区新型城镇化发展的金融服务。

2016 年，为进一步推进广东省普惠金融发展，结合广东省实际情况，广东省人民政府制定了《广东省推进普惠金融发展实施方案（2016—2020 年)》。主要内容有：第一，不断完善普惠金融机构体系。主要包括：①充分发挥各类银行机构的作用。②探索和规范发展各类新型金融机构和组织。③积极发挥保险公司资金和保障优势。第二，积极创新普惠金融产品和服务手段。主要包括：①支持金融机构创新产品和服务方式。②有效发挥资本市场融资功能。③稳妥有序推进农村"两权"抵押贷款业务。④运用新兴信息技术及互联网手段拓展普惠金融服务。第三，强化服务重点地区、领域及对象的普惠金融措施。主要包括：①全面建设县级综合征信中心、信用村、乡村金融（保险）服务站和乡村助农取款点"四个基本平台"。②提升珠三角地区农村普惠金融效能。③创新小微企业金融服务方式。④加大对特殊群体金融扶持。第四，持续优化普惠金融发展环境。主要包括：①加强农村地区支付结算基础设施建设。②建立健全普惠金融信用信息体系。③加强普惠金融教育和金融消费者权益保护。④创新社保卡金融服务功能。第五，有效发挥各类政策引导和激励作用。主要包括：①发挥货币信贷政策和金融监管差异化激励作用。②开辟市场准入绿色通道。③积极发挥财税政策作用。④强化地方配套支持。第六，强化组织保障和推进实施。主要包括：①加强组织领导和完善相关政策法规。②大力培养金融人才。③建立监测评估和统计体系。④开展试点示范和实施专项工程。

3. 普惠金融监管

2010 年，为支持普惠金融发展，促进资金融通，加强融资性担保公司的管理，广东省政府制定了《融资性担保公司管理暂行办法》。从融资性担保公司的定义、设立、变更、终止、业务范围、经营规则和风险控制、监督管理、法律责任等几个方面制定了相关准则。2017 年，为进一步规范融资担保公司的行为，防范风险，广东省人民政府制定了《融资担保公司监督管理条例》，进一步细化了在融资担保行业公司和组织在监管方面的条例。

2013 年，为迅速有效处置广东省金融突发事件，最大程度地预防金融突发事件的发生和减少其对经济社会造成的危害和损失，维护金融和社会稳定，保障广东省经济安全，广东省金融办制定了《广东省金融突发事件应急预案》。《广东省金融突发事件应急预案》对金融突发事件的分级标准、组织指挥体系、预防预警、应急响应、后期处置、应急保障等几个方面作出了相关说明。

2009 年，为保护在广东省内的小额贷款公司及其客户的合法权益，加强对小额贷款公司的监督管理，规范小额贷款公司的行为，保障小额贷款公司稳健运营，广东省人民政府制定了《广东省小额贷款公司管理办法》。明确了小额信贷公司的定义，并从机构的设立、组织机构和经营管理、监督管理与风险防范、机构变更与终止、工作纪律等几个方面制定了相关准则。同年，为小额贷款公司规范风险补偿专项资金的使用管理，广东省人民政府还制定了《广东省小额贷款公司风险补偿专项资金使用管理办法（试行）》。《广东省小额贷款公司风险补偿专项资金使用管理办法（试行）》从风险补偿专项资金的使用范围和补贴标准、风险补偿专项资金的申报、审核及拨付、风险补偿专项资金使用的监督管理等方面制定了相关准则。2016 年，为完善小额贷款公司市场化的进入退出机制，促进小额贷款公司规范健康可持续发展，广东省人民政府金融工作办制定了《广东省小额贷款公司减少注册资本和解散工作指引（试行）》。《广东省小额贷款公司减少注册资本和解散工作指引（试行）》从减少注册资本或解散的条件、需提交的材料、申请程序、注销手续等方面制定了小额信贷公司减少注册资本的流程和退出机制。2020 年，为了规范小额贷款公司向法人股东借款，广东省地方金融监督管理局制定了《广东省小额贷款公司法人股东借款操作指引（试行）》。《广东省小额贷款公司法人股东借款操作指引（试行）》从借款规定、报批流程和监督管理规范了小额贷款公司法人股东借款行为。

4. 互联网金融

2015 年，为贯彻落实创新驱动发展战略，加快推动广东省互联网股权众筹创新发展，支持大众创业、万众创新，广东省金融办制定了《互联网股权众筹试点工作方案》。试点鼓励开展的模式包括：科技众筹模式、纯互联网运营模式、一站式创业综合服务模式、互联网众筹交易中心模式、专注新三板股权投资模式、依托区域性股权交易市场的股权众筹综合服务模式、与公益众筹相结合模式、综合金融服务模式、其他创新模式。该《方案》还对禁止从事的行为作出了相关说明，主要包括：①通过本机构互联网平台为自身或关联方融资；②对众筹项目提供对外担保或进行股权代持；③提供股权或其他形式的有价证券的转让服务；④利用平台自身优势获取投资机会或误导投资者；⑤向非实名注册用户宣传或推介融资项目；⑥从事证券承销、投资顾问、资产管理等证券经营机构业务（具有相关业务资格的证券经营机构除外）；⑦兼营 P2P 网络借贷或网络小额贷款业务；⑧采用恶意诋毁、贬损同行等不正当竞争手段；⑨法律法规和证券业协会规定禁止的其他行为。此外，《方案》还列出了对互联网众筹企业试点的政策支持，主要包括：①便利工商登记；②便利办理 ICP 认证；③支持股权众筹项目权益流转；④提供资金第三方监管渠道；⑤促进投融资项目对接；⑥优化融资服务；⑦加强宣传教育；⑧建立激励机制；⑨逐步完善政策。

2015 年底，加快实施创新驱动发展战略，推动广东金融科技产业深入融合发展，进一步促进大众创业、万众创新，着力打造全国首个"互联网＋"众创金融示范区，广东省金融办制定了《建设广东"互联网＋"众创金融示范区工作方案》。主要内容包括：第一，"互联网＋金融"体系建设，包括：①以广东金融高新区为基地打造互联网金融集聚区。②推动金融机构与互联网金融平台深入合作。③鼓励本地金融机构和金融组织开展互联网金融创新。④积极培育互联网金融龙头企业。⑤开展互联网普惠金融服务试点。⑥支持金融机构组建消费金融公司和互联网票据交易平台。⑦建设网上投融资服务平台。第二，众创平台建设，包括：①升级建设佛山"互联网＋众创"金融社区。②大力发展众创空间等创新创业载体。③举办各类创业创新活动。④组建高层次互联网金融人才培训机构。⑤建设"互联网＋金融智库"。第三，众包平台建设，包括：①支持法人银行机构开展去中心化清算系统试点。②发展设计研发产业和配套金融服务。③大力发展制造运维众包。④完善知识产权投融资体系。第四，众扶平台建设，包括：①设立100亿元"互联网＋"产业引导基金。②加强对科技企业孵化器的政策扶持和风险补偿，鼓励创业投资机构和金融资本投向科技企业孵化器内初创型的科技型中小微企业。③在广东金融高新区设立高端互联网金融研究平台。④运用互联网大数据技术建立市级综合征信中心。⑤设立各类创新创业专业服务机构。⑥完善吸引金融创新人才的政策。第五，众筹平台建设，包括：①开展互联网非公开股权融资试点。②支持广东金融高新区股权交易中心开展股权质押融资。③支持广东金融高新区股权交易中心开展科技板试点。④积极发展各类实物、股权众筹项目。⑤支持保险机构在佛山开展保险资金支持科技企业专项融资试点。⑥创建"互联网＋"应收账款融资服务平台推广示范区。

2016年，广东省人民政府办公厅制定了《关于金融服务创新驱动发展的若干意见》。其中明确指出要运用互联网金融支持创新创业发展。规范发展互联网支付、网络借贷、股权众筹融资等互联网金融新业态。鼓励金融机构积极开发基于互联网技术的新产品和新服务。鼓励互联网金融企业依法合规开展产品、服务、技术和管理创新，运用互联网技术和金融工具，加大对创新创业企业等的金融支持。支持互联网企业与金融机构、创业投资机构、产业投资基金等深度合作，推动传统金融业转型升级，培育新型互联网金融业态，为科技企业、创新创业企业提供全方位融资服务。开展互联网非公开股权融资试点，支持试点平台申请全国股权众筹融资试点资格，加大对初创型科技企业的融资支持。依托人民银行征信中心建设"互联网＋应收账款"融资服务平台，促进应收账款融资业务发展，降低企业融资成本，更好地服务于转型期实体经济发展。探索设立互联网金融资产交易平台，推进互联网金融资产证券化。鼓励有条件的地区出台扶持互联网金融发展的政策。

参 考 文 献

贝多广，2019. 包容·健康·负责任：中国普惠金融发展报告（2019）［M］. 北京：中国
    金融出版社.

北京大学数字金融研究中心课题组，2017. 数字普惠金融的中国实践［M］. 北京：中国人
    民大学出版社.

蔡洋萍，肖勇光，2020. 我国农村普惠金融发展问题研究［M］. 北京：经济管理出版社.

陈银娥，孙琼，徐文赟，2015. 中国普惠金融发展的分布动态与空间趋同研究［J］. 金融
    经济学研究，30（6）：72-81.

程惠霞，2018. 农村小型信贷金融机构如何获取可持续资金 普惠金融发展的关键议题
    ［M］. 北京：中国经济出版社.

戴东红，2014. 互联网金融对小微企业融资支持的理论与实践——基于小微企业融资视角
    的分析［J］. 理论与改革（4）：91-96.

丁杰，2015. 互联网金融与普惠金融的理论及现实悖论［J］. 财经科学（6）：1-10.

杜晓山，等，2008. 中国公益性小额信贷［M］. 北京：社会科学文献出版社.

封北麟，2020. 精准施策缓解企业融资难融资贵问题研究——基于山西、广东、贵州金融
    机构的调研［J］. 经济纵横（4）：110-120.

高士然，杨明婉，张乐柱，于明珠，2020. 我国发达省份普惠金融发展的减贫效应——基
    于广东省的实证研究［J］. 农村金融研究（8）：24-33.

葛永波，曹婷婷，陈磊，2017. 农商行小微贷款风险评估及其预警——基于经济新常态背
    景的研究［J］. 农业技术经济（9）：105-115.

郭丽虹，徐晓萍，2012. 中小企业融资约束的影响因素分析［J］. 南方经济（12）：
    36-48.

郭峰，王靖一，王芳，孔涛，张勋，程志云，2020. 测度中国数字普惠金融发展：指数编
    制与空间特征［J］. 经济学（季刊），19（4）：1401-1418.

贾俊生，2017. 江苏省中小微企业融资情况调查［J］. 上海经济研究（1）：119-124.

姜美善，2011. 我国城市小额贷款还款率影响因素分析——以广州小额担保贷款为例［J］.
    金融学季刊，6（2）：37-57.

李刚，2014. 广东破解农村普惠金融"最后一公里"难题［N］. 人民日报，10-22（13）.

李继尊，2015. 关于互联网金融的思考［J］. 管理世界（7）：1-7，16.

李建伟，2017. 普惠金融发展与城乡收入分配问题研究［M］. 北京：中国经济出版社.

李勇，何德旭，2013. 小微企业融资缺口与信贷模式创新研究［J］. 金融理论与实践
（12）：13 - 17.

梁伟森，程昆，2021. 普惠金融发展及其农村减贫效应：来自广东的实践［J］. 农村经济
（3）：64 - 74.

林毅夫，李永军，2001. 中小金融机构发展与中小企业融资［J］. 经济研究（1）：10 - 18，
53 - 93.

刘树新，2015. 广东省农村普惠金融发展的现状、问题及建议——基于广东 12 地市的调查
［A］. 广东经济学会. 市场经济与创新驱动——2015 岭南经济论坛暨广东社会科学学术
年会分会场文集［C］. 广东经济学会：广东经济学会：6.

陆岷峰，徐博欢，2019. 关于当前我国金融治理的缘由、内容及对策研究——对改革开放
40 年金融治理经验的总结［J］. 河北经贸大学学报（综合版），19（3）：35 - 41.

罗丹阳，殷兴山，2006. 民营中小企业非正规融资研究［J］. 金融研究（4）：142 - 150.

罗剑朝，曹瓅，罗博文，2019. 西部地区农村普惠金融发展困境、障碍与建议［J］. 农业
经济问题（8）：94 - 107.

茆俊强，田琦，张禄堂，2018. 聚焦普惠金融　小额贷款公司转型发展之路［M］. 北京：
首都经济贸易大学出版社.

南都金融研究所. 2019 金融科技加持下普惠金融进化调研报告［R］.

牛瑞芳，2016. 互联网金融支持小微企业融资的经济分析——基于“长尾理论”的视角
［J］. 现代经济探讨（7）：47 - 51.

潘宗玲，2014. 小微企业融资难问题研究——基于普惠金融视角［J］. 企业经济，33
（10）：180 - 184.

焦瑾璞，2006. 构建多层次农村金融体系［N］. 中国经营报，03 - 09.

焦瑾璞，2010. 构建普惠金融体系的重要性［J］. 中国金融（10）：12 - 13.

焦瑾璞，黄亭亭，汪天都，张韶华，王瑨，2015. 中国普惠金融发展进程及实证研究［J］.
上海金融（4）：12 - 22.

沈红波，寇宏，张川，2010. 金融发展、融资约束与企业投资的实证研究［J］. 中国工业
经济（6）：55 - 64.

田秀娟，2009. 我国农村中小企业融资渠道选择的实证研究［J］. 金融研究（7）：
146 - 160.

王茜，2016. 我国普惠金融发展面临的问题及对策［J］. 经济纵横（8）：101 - 104.

王馨，2015. 互联网金融助解“长尾”小微企业融资难问题研究［J］. 金融研究（9）：
128 - 139.

王伟，田杰，李鹏，2011. 我国金融排除度的空间差异及影响因素分析［J］. 金融与经济
（3）：13 - 17.

吴晓灵，2013. 发展小额信贷，促进普惠金融 [J]. 中国流通经济（5）.

伍旭川，肖翔，2014. 基于全球视角的普惠金融指数研究 [J]. 南方金融（6）：15 - 20.

韦文求，王现兵，林雄，李大伟，2019. 普惠性科技金融发展的探索与实践——基于广东经验 [J]. 科技管理研究，39（13）：59 - 64.

肖滨，2011. 演变中的广东模式：一个分析框架 [J]. 公共行政评论，4（6）：9 - 47，176.

谢平，邹传伟，2012. 互联网金融模式研究 [J]. 金融研究（12）：11 - 22.

谢绚丽，沈艳，张皓星，郭峰，2018. 数字金融能促进创业吗——来自中国的证据 [J]. 经济学（季刊），17（4）：1557 - 1580.

星焱，2015. 普惠金融的效用与实现：综述及启示 [J]. 国际金融研究（11）：24 - 36.

星焱，2016. 普惠金融：一个基本理论框架 [J]. 国际金融研究（9）：21 - 37.

晏海运，2013. 中国普惠金融发展研究 [D]. 北京：中共中央党校.

阎贞希，2018. 普惠金融背景下小微企业融资金融创新研究 [J]. 金融发展评论（3）：124 - 135.

杨丰来，黄永航，2006. 企业治理结构、信息不对称与中小企业融资 [J]. 金融研究（5）：159 - 166.

易行健，周利，2018. 数字普惠金融发展是否显著影响了居民消费——来自中国家庭的微观证据 [J]. 金融研究（11）：47 - 67.

尹振涛，舒凯彤，2016. 我国普惠金融发展的模式、问题与对策 [J]. 经济纵横（1）：103 - 107.

曾省晖，吴霞，李伟，廖燕平，刘茜，2014. 我国包容性金融统计指标体系研究 [R]. 中国人民银行.

曾燕，黄晓迪，杨波，2017. 中国数字普惠金融热点问题评述 [M]. 北京：中国社会科学出版社.

张岭，张胜，2015. 互联网金融支持小微企业融资模式研究 [J]. 科技管理研究，35（17）：114 - 118.

张勋，万广华，张佳佳，何宗樾，2019. 数字经济、普惠金融与包容性增长 [J]. 经济研究，54（8）：71 - 86.

张忠宇，2016. 我国农村普惠金融可持续发展问题研究 [J]. 河北经贸大学学报，37（1）：80 - 85.

赵亚明，卫红江，2012. 突破小微企业融资困境的对策探讨 [J]. 经济纵横（11）：56 - 59.

中国人民银行金融消费权益保护局，2020. 中国普惠金融发展研究 [M]. 北京：中国金融出版社.

中国银行保险监督管理委员会，2018. 中国普惠金融发展报告 [M]. 北京：中国金融出版社.

周高雄，2018. 普惠金融创新实践 [M]. 北京：中国金融出版社.

Ardic O. P. Heimann M. and Mylenko N, 2011. Access to Financial Services and the Financial Inclusion Agenda around the World [R]. World Bank Working Paper.

Arora, R. U, 2010. Measuring Financial Access. Griffith Business School Discussion Papers Economics, 1 (7): 1 – 21.

Barro, R. J. , & Sala – i – Martin, X, 1992. Convergence. Journal of Political Economy, 100 (2): 223 – 251.

Bhuiyan E M, Chowdhury M, 2020. Macroeconomic Variables and Stock Market Indices: Asymmetric Dynamics in the US and Canada [J]. The Quarterly Review of Economics and Finance, 77: 62 – 74.

Cámara, N. , & Tuesta, D, 2014. Measuring Financial Inclusion: A Muldimensional Index [R]. BBVA Research Paper, 14/26.

Chakravarty, S. R. , & Pal, R, 2013. Financial Inclusion in India: An Axiomatic Approach. Journal of Policy Modeling, 35 (5): 813 – 837.

Claessens, S, 2006. Access to Financial Services: A Review of the Issues and Public Policy Objectives [J]. The World Bank Research Observer, 21 (2): 207 – 240.

Cole S, Sampson T. and Zia B, 2011. Prices or Knowledge? What Drives Demand for Financial Services in Emerging Markets? [J]. Journal of Finance (6): 1933 – 1967.

Demirguc – Kunt, A. , & Levine, R, 2008. Finance, Financial Sector Policies, and Long – run Growth [R].

Duarte J, Siegel S, Young L, 2012. Trust and Credit: The Role of Appearance in Peer – to – Peer Lending [J]. The Review of Financial Studies, 25 (8): 2455 – 2484.

Gupte, R. , Venkataramani, B. , & Gupta, D, 2012. Computation of Financial Inclusion Index for India [J]. Procedia – Social and Behavioral Sciences, 37: 133 – 149.

Helms B, 2006. Access for All: Building Inclusive Financial Systems [M]. World Bank Publications.

Kaboski J. and Townsend R. M, 2011. A Structural Evaluation of a Large – Scale Quasi – Experimental Microfinance Initiative [J]. Econometrica (5): 1357 – 1406.

Kaboski J. and Townsend R. M, 2012. The Impact of Credit on Village Economies [J]. Applied Economics (2): 98 – 133.

Levine, R, 1997. Financial Development and Economic Growth: Views and Agenda [J]. Journal of economic Literature, 35 (2): 688 – 726.

Mialou, A. , Amidzic, G. , & Massara, A, 2017. Assessing Countries' Financial Inclusion standing—A new Composite Index [J]. Journal of Banking and Financial Economics, 2 (8): 105 – 126.

Morduch J, 1999. The Microfinance Promise [J]. Journal of Economic Literature, 37 (4):

1569 - 1614.

Ou C, Williams V, 2009. Lending to Small Businesses by Financial Institutions in the United States [J]. Small Business in Focus, 11.

Park, C. Y. , & Mercado J R, R, 2018. Financial Inclusion, Poverty, and Income Inequality [J]. The Singapore Economic Review, 63 (1): 185 - 206.

Petersen M A, Rajan R G, 1994. The Effect of Credit Market Competition on Lending Relationships [R]. National Bureau of Economic Research.

Sala - i - Martin, X. X, 1996. Regional Cohesion: Evidence and Theories of Regional Growth and Convergence [J]. European Economic Review, 40 (6): 1325 - 1352.

Sarma, M, 2008. Index of Financial Inclusion (No. 215) [R]. Working Paper.

Sarma, M, 2012. Index of Financial Inclusion - A Measure of Financial Sector Inclusiveness [R]. Centre for International Trade and Development, School of International Studies Working Paper Jawaharlal Nehru University. Delhi, India.

Sarma, M, 2016. Measuring Financial Inclusion Using Multidimensional Data [J]. World Economics, 17 (1): 15 - 40.

Y. Kon and D. J, 2003. Storey, A Theory of Discouraged Borrowers [J]. Small Business Economics, 21: 37 - 49.